Fachwissen Technische Akustik

Diese Reihe behandelt die physikalischen und physiologischen Grundlagen der Technischen Akustik, Probleme der Maschinen- und Raumakustik sowie die akustische Messtechnik. Vorgestellt werden die in der Technischen Akustik nutzbaren numerischen Methoden einschließlich der Normen und Richtlinien, die bei der täglichen Arbeit auf diesen Gebieten benötigt werden.

Gerhard Müller • Michael Möser
Herausgeber

Ultraschall in Medizin und Technik

Herausgeber
Gerhard Müller
Lehrstuhl für Baumechanik
Technische Universität München
München, Deutschland

Michael Möser
Institut für Technische Akustik
Technische Universität Berlin
Berlin, Deutschland

Fachwissen Technische Akustik
ISBN 978-3-662-55441-8 ISBN 978-3-662-55442-5 (eBook)
DOI 10.1007/978-3-662-55442-5

Die Deutsche Nationalbibliothek verzeichnet diese Publikation in der Deutschen Nationalbibliografie; detaillierte bibliografische Daten sind im Internet über http://dnb.d-nb.de abrufbar.

Springer Vieweg

Dieser Beitrag wurde zuerst veröffentlicht in: G. Müller, M. Möser (Hrsg.), Taschenbuch der Technischen Akustik, Springer Nachschlagewissen, Springer-Verlag Berlin Heidelberg 2015, DOI 10.1007/978-3-662-43966-1_23-1

Gedruckt auf säurefreiem und chlorfrei gebleichtem Papier

Springer Vieweg ist Teil von Springer Nature
Die eingetragene Gesellschaft ist Springer-Verlag GmbH Deutschland
Die Anschrift der Gesellschaft ist: Heidelberger Platz 3, 14197 Berlin, Germany

Inhaltsverzeichnis

Ultraschall in Medizin und Technik 1
Christian Koch

Autorenverzeichnis

Christian Koch Physikalisch-Technische Bundesanstalt, Braunschweig, Deutschland

Ultraschall in Medizin und Technik

Christian Koch

Zusammenfassung
Ultraschall hat, im Gegensatz zur Akustik im hörbaren Frequenzbereich besondere Eigenschaften und wird deshalb in zahlreichen und sehr verschiedenartigen Gebieten in Medizin, Technik und auch dem alltäglichen Leben angewandt. In diesem Beitrag werden die technischen Grundlagen und Besonderheiten des Ultraschalls erläutert und auf Erzeugung und Messung von Ultraschall wird eingegangen. In weiteren Abschnitten kommen Eigenschaften des Schallfeldes und Kavitation zur Sprache. Im zweiten Teil des Beitrags werden einige wichtige Anwendungen von Ultraschall in Medizin und Technik dargestellt.

1 Einleitung

Sollte ein Kapitel über Ultraschall in einem Handbuch über technische Akustik stehen? Der Ultraschall verfügt über einige wichtige Besonderheiten und Eigenschaften gegenüber der Akustik des Hörschalls und hat sich dadurch sehr viele Bereiche außerhalb der Akustik erschlossen. Allein schon die medizinischen Anwendungen vor allem des diagnostischen Ultraschalls sind ein eigenes Arbeitsgebiet geworden, das Physiker, Ingenieure, Biologen und besonders Ärzte interdisziplinär vereint. Trotzdem ist es sinnvoll und vorteilhaft, Ultraschall als Teil der Akustik zu verstehen und in einem eigenen Kapitel in diesem Handbuch vorzustellen.

Um die Besonderheiten des Ultraschalls deutlich zu machen, werden deshalb in einem ersten Kapitel seine Eigenschaften aus akustischer Sicht diskutiert und Differenzen zum Hörschallbereich herausgestellt. Dabei können wesentliche Merkmale des Ultraschalls herausgearbeitet werden, die dann in weiteren Kapiteln vertieft und angewandt werden.

Insbesondere die Erzeugung und Messung des Ultraschalls nutzt vollkommen andere Methoden als in der Akustik des Hörschalls üblich sind. Deshalb werden Technik und Verfahren dafür in einem eigenen Kapitel vorgestellt. Da im Ultraschall nur selten Kugelwellen vorkommen, ist die Beschreibung des Schallfeldes ein weiterer Schwerpunkt, wobei das Schallfeld einer Kolbenmembran als Musterbeispiel eines Ultraschallfeldes behandelt wird. Als weitere einzigartige Erscheinung des

C. Koch (✉)
Physikalisch-Technische Bundesanstalt, Braunschweig, Deutschland
E-Mail: christian.koch@ptb.de

G. Müller, M. Möser (Hrsg.), *Ultraschall in Medizin und Technik*, Fachwissen Technische Akustik,
DOI 10.1007/978-3-662-55442-5_23

Ultraschalls wird kurz auch auf das Phänomen der Kavitation eingegangen.

Besondere Eigenschaften schaffen die Voraussetzungen für besondere Anwendungen. Ultraschall findet man heute in fast jedem Bereich technischen und medizinischen Arbeitens. Die Anwendungen sind extrem vielfältig und interdisziplinär, was ein großes Potenzial und eine bedeutende Chance darstellt. Damit ist aber auch verbunden, dass ein Überblick über alles kaum gelingen kann. Deshalb beschränkt sich dieser Beitrag auf einige Themen der gegenwärtig aktuellen Arbeiten. Die große Vielfalt ist nicht nur für diesen Beitrag hinderlich, sondern erschwert auch oft die Zusammenarbeit von Arbeitsgruppen. Die Herstellung von Kontakt und die Nutzung von Erfahrungen aus anderen Bereichen ist eine große Herausforderung auf dem Gebiet der heutigen Ultraschalltechnik.

Dieser Beitrag richtet sich also an alle Interessierten der Akustik, die einen Überblick über das Gebiet des Ultraschalls gewinnen wollen. Er kann nicht mehr als eine Einführung sein, zumal es in der Literatur sehr viele umfassende Darstellungen aller Aspekte des Ultraschalls gibt. Der Beitrag bemüht sich darum, viele der wirklich wichtigen Eigenschaften und Anwendungen zumindest zu erwähnen und gibt Zitate zum Weiterlesen, Weitersuchen und Weiterdenken an. Dabei ist der Schwerpunkt auf umfassende Darstellungen in Monographien oder Übersichtsartikeln gelegt.

2 Ultraschall ist eine „besondere" Akustik

2.1 Bündelung

Als Ultraschall bezeichnet man Schallwellen mit Frequenzen oberhalb des Hörfrequenzbereichs, der meist mit etwa 16 kHz nach oben abgegrenzt wird [1]. In den verschiedensten Anwendungen in gasförmigen, flüssigen und festen Medien kommen Frequenzen f bis zu vielen MHz oder gar einigen GHz vor. Für eine typische medizinisch-diagnostische Untersuchung werden z. B. ca. 7 MHz verwendet. In Wasser mit der Schallgeschwindigkeit $c = 1480$ m/s ergibt sich dabei aus $\lambda = c/f$ eine Wellenlänge λ von ca. 210 µm. Da die meisten Ultraschallwandler eine aktive Fläche von mehreren Millimetern besitzen, ist die abstrahlende Fläche deutlich größer als die Wellenlänge und es werden keine Kugelwellen, sondern gerichtete Schallfelder abgegeben. Das führt zu einer Bündelung des Schallfelds.

Diese Möglichkeit zur Bündelung ist die Voraussetzung für alle Anwendungen des Ultraschalls in bildgebenden Verfahren. Die kleinen Wellenlängen erlauben dabei eine hohe räumliche Auflösung, die durch Beugungsvorgänge begrenzt ist. Da die Schallbündeldurchmesser im Vergleich zur Wellenlänge groß sind, wird durch Fokussierung eine weitere Verbesserung der Auflösung erreicht. Für die Fokussierung werden, ganz analog zu optischen Geräten, gekrümmte Flächen, Linsen oder Wellenplatten verwendet.

2.2 Hohe Druckamplituden

Obwohl Ultraschall auch in gasförmigen Medien verwendet wird, nutzt die überwiegende Mehrzahl der Anwendungen Ultraschallwellen in Flüssigkeiten und Festkörpern. Da der Wellenwiderstand hier sehr viel höher als in Gasen ist, treten im Vergleich zum Hörschall sehr viel kleinere Auslenkungen und größere Druck- bzw. mechanische Spannungswerte auf. Das ist auch anschaulich zu verstehen, da man sich leicht vorstellen kann, dass ein Festkörper ungleich „schwerer" zu bewegen ist als Gasmoleküle. So hat z. B. ein Impuls, wie er für die oben genannte diagnostische Anwendung verwendet wird, einen Spitzendruck von etwa 1 MPa und lenkt dabei die Wasserteilchen mit einer Dichte $\rho = 1000\,\mathrm{kg/m^3}$ nur etwa 150 nm aus. Würde man ein Dauersignal unterstellen und die zeitlich gemittelte Intensität/bestimmen,

$$I = \left\langle \frac{p^2}{\rho c} \right\rangle \tag{1}$$

so würde sich ein Wert von $I = 33\,\mathrm{W/cm^2}$ ergeben, viele Größenordnungen höher als Signale im Hörschallbereich normalerweise aufweisen. Diese Zahl reduziert sich allerdings auch für die genannte diagnostische Anwendung, da die Impulse sehr kurz sind und im Mittel deutlich geringere Intensitätswerte entstehen. Sie zeigt aber, dass Ultraschall auf Grund der hohen Druckamplituden viel Energie transportieren kann. Gleichzeitig hat Ultraschall dadurch auch ein Zerstörungspotenzial, das ebenfalls in Anwendungen genutzt wird.

Wenn hohe Überdrücke auftreten, sind, wegen der Kontinuitätsbedingung für die Masse der Teilchen im Ausbreitungsmedium, auch hohe Unterdrücke und oder Zugspannungen vorhanden. Die oben genannten Größenordnungen zeigen, dass dabei der atmosphärische Überdruck weit unterschritten wird. Dadurch kann das Medium auseinanderreißen und es kann ein Hohlraum entstehen, der Kavitation verursacht. Kavitation ist ein Wirkmechanismus der sehr viele Anwendungen vor allem im industriellen Ultraschall erlaubt (siehe Abschn. 4.3) [2].

2.3 Hohe Absorption

Jede Schallwelle in einem realen Ausbreitungsmedium wird gedämpft, da verschiedene Mechanismen, wie z. B. die viskose Dämpfung und die Wärmeleitung zu einem Energieverlust führen. Diese Wirkung steigt stark mit der Frequenz an, für die beiden genannten Prozesse proportional zu f^2 (Kap. Ebene sinusförmige Wellen unendlich kleiner Amplitude in [3]). Da im Ultraschall sehr hohe Frequenzen vorkommen ist auch die Absorption vergleichsweise hoch und die transportierte große Energiemenge kann im Medium in Form von Wärme deponiert werden. Diese Eigenschaft des Ultraschalls ist die Voraussetzung z. B. für viele medizinisch-therapeutische Anwendungen und für das Ultraschallschweißen. Die Frequenz beeinflusst dabei die Eindringtiefe, was zu einer räumlichen Steuerung des Wärmeeintrags genutzt werden kann.

2.4 Kleine Auslenkungen

Die in Abschn. 2.2 beschriebenen hohen Schalldrücke werden von, im Vergleich zum Hörschall, geringen Auslenkungen begleitet. Das führt dazu, dass die aus dem Hörschall bekannten Strategien für die Erzeugung und Messung von Schall nicht verwendet werden können. Es müssen Methoden zur Anwendung kommen, die die hohen Kräfte aufbringen können, ohne sich dabei mit großen Auslenkungen „zu verausgaben". Hierfür kommen verschiedene physikalische Prinzipien z. B. auf optischer oder mechanischer Grundlage wie etwa spezielle Pfeifen oder laserthermische Verfahren zum Einsatz. Für die praktische Anwendung sind aber der piezoelektrische Effekt und die Magnetostriktion ganz besonders gut geeignet. Generell haben sowohl Ultraschallwandler für die Erzeugung als auch Hydrophone zur Messung von Ultraschall deutlich andere Eigenschaften als Lautsprecher und Mikrofone.

3 Erzeugung und Messung von Ultraschall

3.1 Erzeugung von Ultraschall mit Hilfe des piezoelektrischen Effekts

Ultraschall lässt sich auf zahlreichen Wegen unter Nutzung mechanischer, optischer oder auch elektrischer Prozesse erzeugen. Die in heutigen Anwendungen dominierende Methode zur Erzeugung von Ultraschall beruht auf dem piezoelektrischen Effekt. Geräte auf Basis von Magnetostriktion sind selten geworden und sollen hier nicht weiter betrachtet werden.

Legt man an ein anisotropes dielektrisches oder ein ferroelektrisches Material ein äußeres elektrisches Feld E an, führt Letzteres zu einer Verformung S des Materials (reziproker dielektrischer Effekt). Umgekehrt entsteht im Inneren eine elektrische Verschiebung D wenn äußerlich eine mechanische Spannung T wirkt (direkter piezoelektrischer Effekt). Die den piezoelektrischen Effekt beschreibende Proportionalitätskonstante d ist dabei für beide Prozesse gleich:

$$d = \frac{S}{E} = \frac{D}{T} \quad (2)$$

In einem realen Festkörper sind mechanische Spannungen aber immer mit Verformungen verknüpft und elektrische Verschiebungen erzeugen wiederum elektrische Felder. Die grundsätzliche Gl. 2 führt deshalb zu den Zustandsgleichungen für den reziproken (links) und direkten (rechts) piezoelektrischen Effekt

$$S = s_E T + dE, \qquad D = dT + \varepsilon_T E \qquad (3)$$

wobei s den Elastizitätskoeffizienten und ε die Dielektrizitätskonstante bezeichnet. Die beiden Subskripts E und T bedeuten dabei, dass das elektrische Feld und die mechanische Spannung in diesen beiden, den Piezoeffekt nicht beschreibenden Termen konstant sein müssen. Alle drei Materialkonstanten in Gl. 3 sind im realen Festkörper Tensoren und eine quantitative Beschreibung des Effekts für ein konkretes Material kann in [4], und [5] gefunden werden. Die Schwingungsform, der Kopplungsfaktor und andere Eigenschaften des einzelnen Schwingerelements aus piezoelektrischem Material hängen von seiner Form und der Richtung der kristallographischen Achsen darin ab (Kap. Ultraschallerzeugung in [4]). Es lässt sich eine Vielzahl von Bewegungsformen realisieren, die verschiedenste Schallfelder erzeugen. Eine ausführliche Darstellung dieser Eigenschaften und viele anderer Details moderner Ultraschallwandler findet sich in [6].

Die elektrischen und mechanischen Eigenschaften eines Ultraschallwandlers lassen sich in guter Näherung mit einem elektrischen Schaltbild (Abb. 1) beschreiben. Im Gegensatz zu elektromechanische Analogien (Kap. Elektromechanische Analogien in [7]) werden jedoch weiterhin elektrische Größen zur Charakterisierung genutzt. So beschreiben der Kondensator C_{mech} und die Induktivität L_{mech} elektromechanische Eigenschaften und bestimmen die sogenannte Serienresonanz des Wandlers. R_{diel} wird durch die mechanischen und dielektrischen Verluste im Wandler bestimmt. Der Widerstand R_{St} beschreibt die Verluste durch die Abstrahlung einer Ultraschallwelle und stellt eine wesentliche Eigenschaft des Wandlers dar, die auch in direktem Zusammenhang zum Strahlungsleitwert (siehe Abschn. Bestimmung der Ultraschallleistung mit Hilfe der Schallstrahlungskraft) steht. Die Kapazität C_{p} wird vor allem durch elektrische parallele

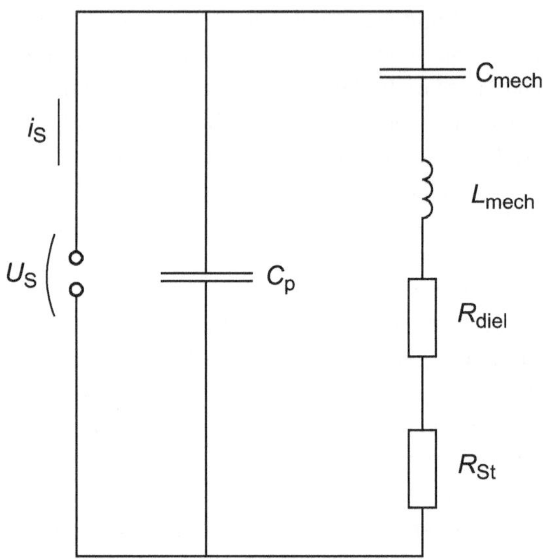

Abb. 1 Ersatzschaltbild eines Ultraschallwandlers, Bezeichnungen der Elemente siehe Text, U_{S}: Sendespannung, i_{S}: Sendestrom

Kapazitäten und den elektromechanischen Kopplungsfaktor bestimmt und beeinflusst wesentlich die Parallelresonanz des Schwingers. Die analogen elektrischen Größen lassen sich mit Hilfe von Impedanzmessungen auch experimentell bestimmen und können so zur Beschreibung eines Wandlers vor allem für die Entwicklung von angepassten elektronischen Baugruppen verwendet werden.

Der Aufbau des gesamten Wandlers hängt stark von den geforderten Eigenschaften des zu erzeugenden Feldes ab. Zunächst ist man darauf bedacht, eine möglichst hohe Ausgangsleistung oder einen hohen Schalldruck bei möglichst kleinem Treibersignal zu erzeugen. Das führt dazu, dass fast alle Ultraschallwandler in Resonanz betrieben werden. Das bedeutet, dass die geometrischen Dimensionen des piezoelektrischen Körpers im Wandler so eingerichtet werden, dass die Hauptwelle innerhalb des Körpers gerade eine halbe Wellenlänge zurücklegt, um ihn in einer Richtung zu durchlaufen. Nach Reflexion an der Auskoppelseite (und Auskopplung eines Teils der Hauptwelle als Nutzwelle) legt sie auf dem Rückweg dieselbe Strecke zurück und interferiert nach Reflexion an der Rückseite konstruktiv mit der umlaufenden Welle. Die dadurch erzeugte

Resonanzüberhöhung führt zu einer deutlichen Verbesserung des Wirkungsgrades des Wandlers. Bei der Reflexion an der Auskoppelseite und der Rückseite ändert sich natürlich die Phase des im Wandlermaterial umlaufenden Schallfeldes (siehe Abschn. 4.2), weshalb es nicht genügt, den Wandlermaterialkörper einfach so dick wie die halbe Wellenlänge des Schalls im Wandlermaterial zu bemessen. Für die konkrete Anwendung ist hier eine genauere Analyse notwendig (Kap. Erzeugung von Ultraschall - Teil I in [8]).

Die Folge des resonanten Verhaltens ist jedoch, dass wegen der hohen Güte nur ein sehr schmales Band an Frequenzen erzeugt werden kann. Für die Anwendung von piezoelektrischen Materialien in Wandlern zur Erzeugung von Impulsen muss deshalb eine zusätzliche Dämpfung eingefügt werden, die man zweckmäßigerweise an der Rückseite anbringt (Abb. 2). Sie muss eine hohe Masse aufweisen und gleichzeitig die Fähigkeit zu dissipativem Verhalten. Die Kunststoffplatte, mit der der Wandler zur Sendeseite hin abgeschlossen wird, nutzt man nicht nur zum Schutz der Wandlerscheibe sondern auch zur Anpassung an den Wellenwiderstand des Ausbreitungsmediums (Kap. Durchgang ebener Wellen durch Schichten. Elektroakustische Analogien in [3]), weshalb Impulswandler immer spezifisch für eine Anwendung sind. Abb. 2 zeigt aber auch, wie gut man einen Ultraschallsender schützen kann. Das ist die Voraussetzung für die mannigfaltigen Anwendungen von Ultraschalldiagnostik in extrem rauer Umgebung.

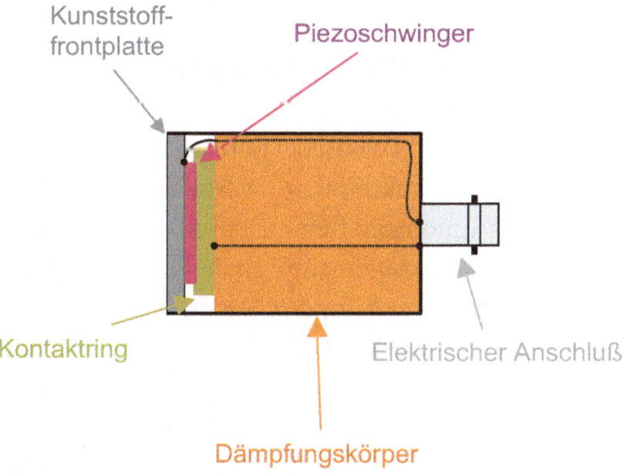

Abb. 2 Aufbau eines Wandlers für die Erzeugung von Impulsschall

In vielen industriellen Anwendungen z. B. zur Füllstandüberwachung wird nur ein einzelner Wandler verwendet. Weit mehr Informationen kann man jedoch unter der Nutzung mehrerer Wandlerelemente gleichzeitig erhalten [9]. Es ergibt sich die Möglichkeit, mehrere Positionen oder Raumrichtungen gleichzeitig zu beschallen oder zeitlich versetzte Messungen durchzuführen. Ist jedes Element einzeln ansteuerbar, so kann fokussiert werden, lassen sich tomographische Methoden anwenden oder auch nichtlineare Schallausbreitungsprozesse ausnutzen. Insbesondere der Einsatz von Array-Strukturen (Abb. 3) hat in diesem Zusammenhang vielfältige Anwendungen gefunden. Dazu wird auf einem Substrat zunächst schichtweise die Dämpfung, eine dünne Metallelektrode, das Piezomaterial, eine weitere Elektrode, Anpassungsschicht(en) und möglichweise eine Linse mit Krümmung quer zum Array (Elevationsebene) aufgetragen. In einem weiteren Herstellungsschritt werden mit einer Diamantsäge zunächst Streifen und danach senkrecht einzelne Stapel geschnitten, die die Einzelelemente darstellen. Jeder Stapel wird einzeln kontaktiert und stellt einen individuellen Wandler dar. Alternativ kann auch die Dämpfung leitfähig hergestellt werden. Ein weiteres modernes Konzept für Arraywandler nutzt Kompositwerkstoffe, in denen piezoelektrische Keramiken und Polymere miteinander verknüpft und somit flexible und akustisch angepasste Wandlermaterialien entstehen.

Sehr viele Anwendungen von Ultraschall benötigen Frequenzen im Bereich 20–150 kHz, wie z. B. in der Ultraschallreinigung. Um die Resonanzbedingung im Wandlerelement erfüllen zu können, müsste es einige cm dick sein. Das ist nicht nur wegen des hohen Verbrauchs an Piezomaterial sehr unwirtschaftlich, sondern es ist auch sehr schwierig, die notwendigen hohen Feldstärken zu erreichen. Deshalb nutzt man dünnere Scheiben und kombiniert sie mit zwei Wellenleitern derart, dass eine resonante Struktur mit der Dicke $\lambda/2$ (λ meint hier die – kombinierte – Wellenlänge im Gesamtsystem) entsteht, die Verbundschwinger genannt wird (Abb. 4) (Kap. Sources of ultrasonic energy in [10]). Im häufigsten Fall verwendet man 2 Scheiben, die Rücken-an-Rücken angeordnet werden, wobei die „heiße" Elektrode in die Mitte

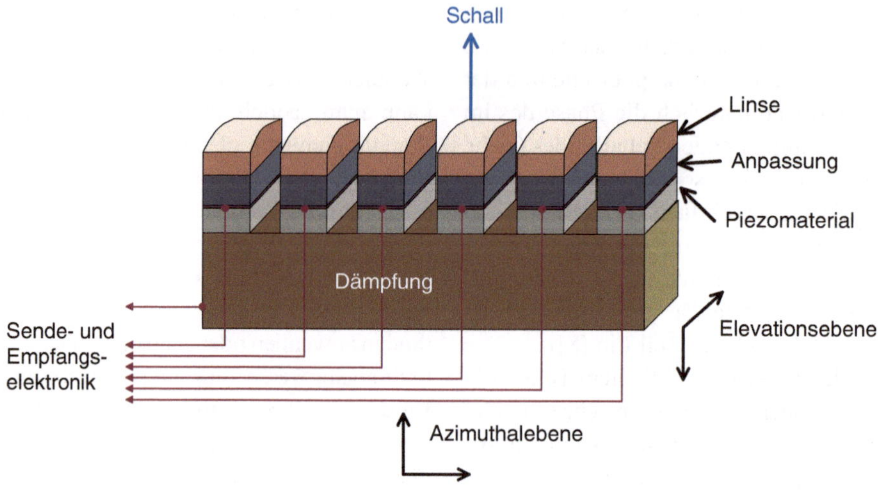

Abb. 3 Grundsätzlicher Aufbau eines Wandlerarrays

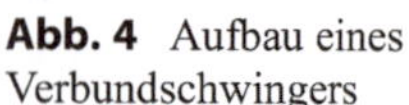
Abb. 4 Aufbau eines Verbundschwingers

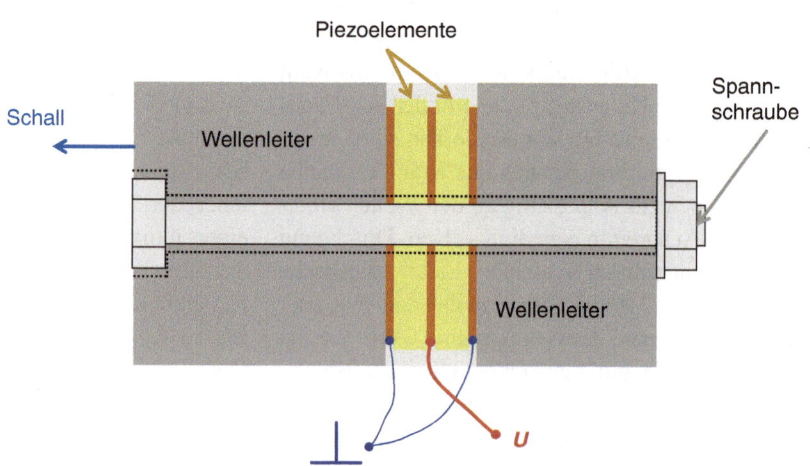

zeigt, damit kein Kurzschluss entsteht. An beiden Seiten werden zwei Stäbe als Wellenleiter angebracht, wobei die Längen sorgfältig zu wählende Parameter sind und vom Anwendungsfall abhängen. Häufig ergibt sich ein Optimum, wenn der rückwärtige Wellenleiter etwas kürzer ist als der an der Vorderseite. Die Wellenleiter müssen kraftschlüssig mit den Piezoscheiben verbunden werden, was durch Hochleistungsklebfugen erreicht werden kann. In der industriellen Praxis werden jedoch häufiger Schraubverbindungen eingesetzt, wobei die Anzugskraft genau so einzustellen ist, dass sie mindestens so groß wie die größte innere Spannung im Material ist, um ein Abheben zu vermeiden.

3.2 Messung von Ultraschall

Einteilung der Ultraschallmessung: Zahl der Messebenen

Ultraschallfelder können durch verschiedene Feldgrößen charakterisiert werden, die unterschiedliche Eigenschaften beschreiben und somit verschiedene Aussagen ermöglichen. Bei einer generellen Betrachtung unterscheiden sie sich nach der Anzahl der Messebenen, die genutzt werden.

Zunächst kann man nur eine einzige Ebene nutzen und bestimmt die Auslenkung $\zeta(z)$ eines einzelnen Teilchens bzw. Teilchen in einer Ebene mit einem festgelegten Winkel zur Ausbreitungsrichtung e_z. Ein typisches Beispiel hierfür stellt die optische Interferometrie dar, die insbesondere in der zerstörungsfreien Prüfung eingesetzt wird. Dabei wird die Auslenkung dreidimensional bestimmt und zur Schallfeldanalyse eingesetzt.

Misst man die Auslenkung $\zeta\ (z)$ an zwei Positionen $\zeta_1 = \zeta\ (z_1)$ und $\zeta_2 = \zeta\ (z_2)$ im Feld gleichzeitig, wird im Allgemeinen nicht mehr die Auslenkung an sich, sondern die relative Änderung der beiden Positionen zueinander bestimmt:

$$\begin{aligned}\Delta &= (z_1 + \zeta_1) - (z_2 + \zeta_2) = z_1 - z_2 + \Delta\zeta \\ &= d_D + \Delta\zeta\end{aligned} \tag{4}$$

Man erkennt, dass die Änderung der Ortsdifferenz d_D bestimmt wird. Bringt man z. B. nun eine piezoelektrische Scheibe der Dicke d_D in ein Schallfeld, so wird deren Dicke um den Betrag $\Delta\zeta$ geändert. Auf Grund des Hookeschen Gesetzes ist diese Änderung proportional zur mechanischen Spannung in der Scheibe und nach Gl. 3 wird eine Verschiebung erzeugt, die wiederum proportional zur mechanischen Spannung ist. Sensoren, die zwei Messebenen verwenden – wie Hydrophone – bestimmen also eine Messgröße, die dem *Schalldruck* entspricht.

Im letzten Schritt bleibt die Frage was geschieht, wenn viele Teilchenebenen ausgewertet werden. Dann geht die Phaseninformation der Welle verloren und es können nur noch Energiegrößen ermittelt werden. Die Bestimmung der Schallleistung ist jedoch praktisch von großer Bedeutung und wird mit Hilfe der Schallstrahlungskraftmessung durchgeführt, wobei oft Absorber zum Einsatz kommen, die viele mm dick sind und deshalb viele Teilchenebenen „auswerten“.

Bestimmung der Ultraschallleistung mit Hilfe der Schallstrahlungskraft

Während der Ausbreitung transportiert eine (Ultraschall-) Welle Energie. Darüber hinaus überträgt sie jedoch auch einen Impuls. Trifft die Welle nun auf ein Hindernis, das einen Teil der Welle absorbiert, wird ein Teil des Impulses auf dieses Hindernis übertragen und es wirkt eine Kraft, die Schallstrahlungskraft *F*. Tatsächlich kann man sich vorstellen, dass die schwingenden Teilchen des Ausbreitungsmediums viele kleine Einzelimpulse auf das Hindernis übertragen und im Mittel kann man zeigen, dass nach dem Newtonschen Gesetz eine Kraft wirken muss. Diese einfache Vorstellung lässt sich durch eine rigorose theoretische Analyse untermauern, die zeigt, dass die Entstehung der Schallstrahlungskraft ein nichtlinearer Prozess ist (Kap. Konstante Kräfte, die im Ultraschallfeld entstehen in [3]). Sie ist unmittelbar mit der auf das Hindernis mit der Fläche *A* einwirkenden Intensität verknüpft:

$$\vec{F} = \frac{IA}{c} \frac{\vec{k}}{\left|\vec{k}\right|} \tag{5}$$

wobei die Schallstrahlungskraft ein Vektor ist, da sie in Richtung des Ausbreitungsvektors $\vec{k}$ weist.

Auf Grund der einfachen Relation (5) wird die Schallstrahlungskraft sehr häufig zur Bestimmung der abgegebenen Gesamtleistung verwendet [11]. Zu diesem Zweck werden zwar oft auch Hydrophonmessungen eingesetzt, sie stellen strenggenommen jedoch nur eine näherungsweise Ermittlung dar. Die Bestimmung der Schallstrahlungskraft als eine mit der Energie verknüpften Größe ist hier die grundsätzlich richtige Herangehensweise.

Dazu wird der Wandler, dessen Ausgangsleistung bestimmt werden soll in ein Gefäß eingesetzt (Abb. 5). Im einfachsten Fall ist das abgegebene Schallbündel nach oben auf ein Objekt (Target) gerichtet, welches das Schallfeld vollständig absorbieren muss, was insbesondere für Frequenzen unter 1 MHz eine große Herausforderung darstellt. Gleichzeitig muss es bei höheren Leistungen auch der Wärmeentwicklung standhalten. Alternativ können auch reflektierende Targets eingesetzt werden. Die Schallstrahlungskraft bewirkt eine Änderung der Gewichtskraft des Targets, die mit einer hochempfindlichen Waage registriert wird. Durch eine spezielle Auswertung können zahlreiche unerwünschte, die Messung beeinflussende Effekte wie z. B. die Erwärmung des Targets, Interferenzeffekte oder unvollkommene Absorption ausgeschlossen oder korrigiert werden. Deshalb können mit dieser Methode so geringe Messunsicherheiten erreicht werden, dass sie die genauste Methode zur Ultraschallcharakterisierung darstellt. So gelingt es z. B. ein Ultraschallfeld mit

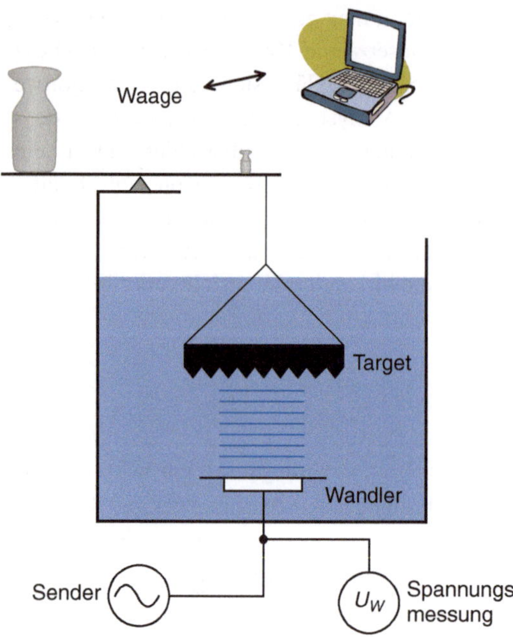

Abb. 5 Grundsätzlicher Aufbau einer Messung der Schallstrahlungskraft

einer Ausgangsleistung von 100 mW und einer Frequenz von 1 MHz mit einer Unsicherheit von ca. 3 % zu vermessen. Hydrophonmessungen (die allerdings mit dem Schalldruck eine andere Größe bestimmen) weisen oft deutliche höhere Messunsicherheiten auf. Sie sind allerdings weit verbreitet und werden deshalb im nächsten Kapitel genauer vorgestellt. Viele praktische Hinweise zu Schallstrahlungskraftmessungen findet man in der gerade aktualisierten Norm der IEC [12].

In Abb. 5 ist auch eine Messung der Spannung an den Wandlerklemmen U_W eingezeichnet, die so nah wie möglich am Wandler erfolgen muss. Häufig wird nämlich nicht die Schallleistung selbst sondern der Strahlungsleitwert

$$G = \frac{P}{U_W^2} \tag{6}$$

benötigt, der eine grundsätzliche, nur von geometrischen oder Materialeigenschaften des Wandlers abhängende Größe darstellt. Es lässt sich zeigen, dass

$$R_{St} = \frac{1}{G}$$

gilt, womit sich die Möglichkeit ergibt, den Strahlungsleitwert aus elektrischen Messungen zumindest schätzen zu können. Schwierigkeit dabei ist, dass man die dielektrischen Verluste R_{diel} nur ungenügend separieren kann. Für verlustarme Wandler z. B. aus $LiNbO_3$ hat sich aber gezeigt, dass man R_{diel} für wichtige Anwendungsbereiche vernachlässigen kann.

Bestimmung des Ultraschalldrucks mit Hydrophonen

Die Schallstrahlungskraftwaage bestimmt mit der Ultraschallleistung bzw. -intensität eine zeitlich gemittelte Größe. Wenn man den zeitlichen Verlauf des Ultraschallfeldes beobachten möchte, muss eine instantane Messgröße ermittelt werden. Am häufigsten wird dabei der Schalldruck genutzt, den man durch gleichzeitige Auswertung zweier Messebenen erhalten kann. Dafür stehen mit Hydrophonen vielseitige und empfindliche Sensoren zur Verfügung. Für die Bestimmung des Schalldruckes werden in der überwiegenden Zahl der praktischen Fälle Hydrophone auf Basis des piezoelektrischen Effektes angewandt. Eine kleinere Zahl spezieller Anwendungen nutzt optische Methoden, auf die am Ende dieses Abschnitts noch kurz eingegangen wird.

Aus der rechten Gleichung von Gl. 3 ist ersichtlich, dass eine mechanische Spannung in einem Körper aus piezoelektrischem Material eine elektrische Verschiebung erzeugt, die durch eine Ladung an der Oberfläche des Körpers kompensiert werden muss, um der Ladungserhaltung zu genügen. Beschichtet man den Körper an zwei Seiten mit Elektroden, so kann die Ladung mit einem Verstärker abgegriffen und an dessen Ausgang gemessen werden. Dieser Verstärker ist natürlich selbst nicht ideal und hat einen endlichen Eingangswiderstand, der „in Konkurrenz" zum Innenwiderstand des Hydrophones steht. Deshalb fließt die Ladung (schnell) ab und das Signal „verschwindet". Generell kann der Innenwiderstand eines Hydrophons auch mit einer elektrischen Schaltung wie in Abb. 1 beschrieben

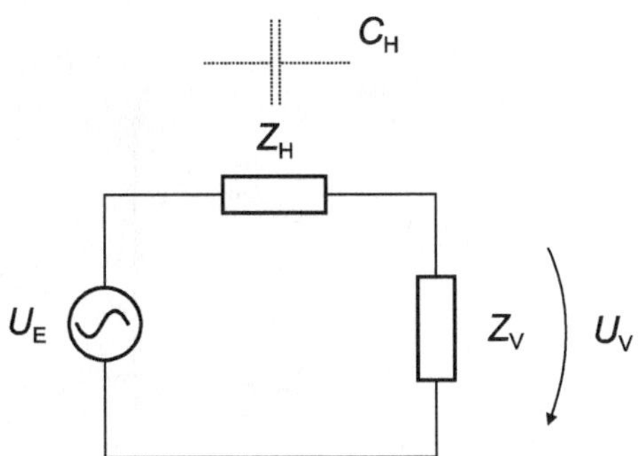

Abb. 6 Ersatzschaltung eines Hydrophones als Zweipol

werden [13]. Für das grundsätzliche Verständnis genügt aber die einfache Vorstellung als Zweipol, in dem das Hydrophon einen Innenwiderstand Z_H besitzt und der piezoelektrische Effekt eine Urspannung U_E erzeugt. Mit Blick auf Abb. 6 folgt

$$U_V = \frac{Z_V}{Z_V + Z_H} U_E \tag{7}$$

Der Innenwiderstand Z_H des Hydrophons kann in sehr guter Näherung als Kapazität beschrieben werden. Dann ist die Schaltung in Abb. 6 ein Hochpass und wirkt wie ein Differenzierglied, was in Zusammenhang zum oben beschriebenen „Verschwinden" des Signals steht. Je größer der Innenwiderstand des Verstärkers ist, umso kleiner ist die Grenzfrequenz des Hochpasses und umso langsamer fließt die Ladung ab. Für eine Anwendung wird man also den Innenwiderstand des Verstärkers so groß wählen, dass die Signalfrequenz deutlich über der Grenzfrequenz des Hochpasses liegt und der Abfluss der Ladung nur durch das Signal selbst beeinflusst wird.

Eine weitere wichtige Kenngröße eines Hydrophons ist seine Empfindlichkeit, die durch

$$M_O(f) = \frac{U_E(f)}{p(f)} \tag{8}$$

definiert ist, wobei p hier den Schalldruck am Ort des Hydrophons meint, der vorhanden wäre, wenn das Hydrophon *nicht* anwesend wäre. Das Subscript O bedeutet, dass die Empfindlichkeit bei offenem Ausgang bestimmt wurde. Sie wird grundsätzlich in allen Kalibrierzertifikaten angegeben. Unter Nutzung von Gl. 7 lässt sie sich leicht in die Empfindlichkeit bei belastetem Ausgang umrechnen:

$$M_L = M_O(f) \frac{Z_V}{Z_V + Z_H} \tag{9}$$

M_L ist die für den praktischen Gebrauch wichtige Größe, die sich mit Gl. 9 aus im Kalibrierschein angegebenen M_O-Werten ermitteln lässt. Sehr viele Hydrophone haben aber heute bereits fest eingebaute Vorverstärker, die einen festen Abschluss mit 50 Ω erfordern. Diese Verstärker werden in die Kalibrierung einbezogen und die Unterscheidung zwischen M_O und M_L entfällt.

Bei grundsätzlicher Betrachtung ist Gl. 8 die Definition einer Übertragungsfunktion. Im Sprachgebrauch des Ultraschalls hat sich mittlerweile „Empfindlichkeit" durchgesetzt, obwohl das eigentlich nicht ganz korrekt ist. Die Bestimmung der Empfindlichkeit eines Sensors beinhaltet die Frage nach dem kleinsten Signal, das – in Konkurrenz zum Rauschen – mit dem Sensor noch erhalten werden kann. Bestimmt wird also die Signalstärke, die mit einem Signal-Rausch-Verhältnis von 1 in einer Bandbreite BW $= \Delta f$ gemessen wird:

$$p_{\min}^2 = \frac{1}{M_L^2} \int_{\Delta f} S_U \mathrm{d}f \tag{10}$$

wobei S_U die spektrale Spannungsrauschdichte am Verstärkerausgang bedeutet. Diese Größe hängt von allen, im Messvorgang ein Rauschen erzeugenden Prozessen, besonders aber den Eigenschaften des verwendeten Verstärkers (also erst in zweiter Linie vom Verstärkungsfaktor) ab. Der minimal detektierbare Druck $p_{\min}$ ist eine fundamentale Größe jeder Ultraschallmessanordnung und sollte immer geeignet bestimmt oder zumindest geschätzt werden.

Piezoelektrische Hydrophone haben verschiedene Bauformen (Kap. Piezoelectric and fiberoptic hydrophones in [6]). Am meisten verbreitet sind Nadelhydrophone, Membranhydrophone und Wasserschallhydrophone (Abb. 7), die auch

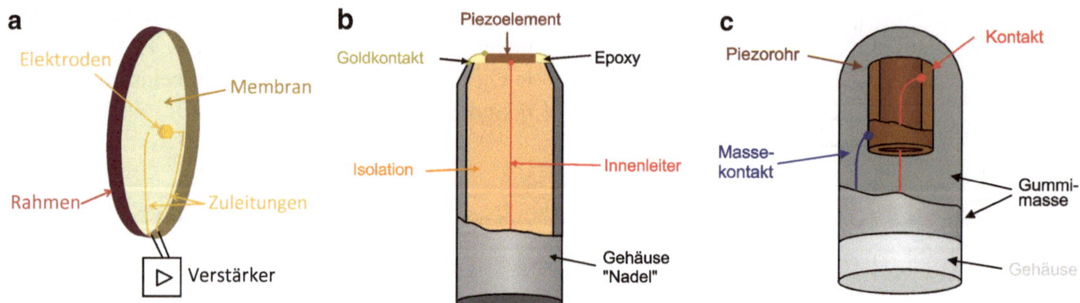

Abb. 7 Bauformen von piezoelektrischen Hydrophonen, **a**: Membranhydrophone (siehe auch Abb. 18), **b**: Nadelhydrophone, **c**: Wasserschallhydrophone

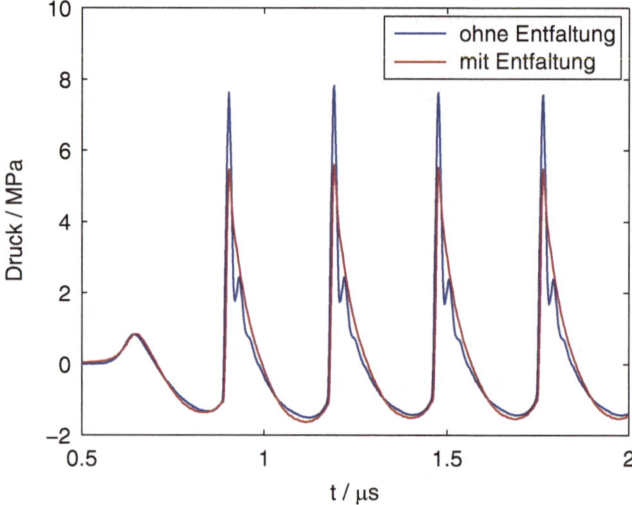

Abb. 8 Typischer zeitlicher Verlauf eines diagnostischen Schalldruckimpulses gemessen mit einem Membranhydrophon, $f = 3{,}5$ MHz, die gestrichelte Linie stellt das Messergebnis nach Anwendung einer Entfaltungsprozedur dar, siehe die Diskussion am Ende von Abschn. 4.1

für verschiedene Anwendungen genutzt werden. Für Messungen hoher Qualität werden Membranhydrophone (Abb. 7a) eingesetzt. Sie bestehen aus einer ferroelektrischen Folie aus Polyvinylidenfluorid (PVDF), die auf einen Rahmen aufgespannt ist. In der Mitte werden auf beiden Seiten der Folie zwei Elektroden aufgedampft, zwischen denen das Material durch einen Polarisierungsprozess piezoelektrische Eigenschaften bekommt. Die Elektroden werden mit einem Verstärker verbunden, der zweckmäßigerweise z. B. gleich im Rahmen eingebaut wird. Solche Membranhydrophone stören bei der Messung das Schallfeld nur minimal, sind sehr empfindlich und können eine hohe Bandbreite bei extrem glattem Frequenzverlauf erreichen [14]. Als Beispiel zeigt Abb. 8 den zeitlichen Schalldruckverlauf eines diagnostischen Impulses wie er mit einem Membranhydrophon gemessen wurde. Obwohl sich sehr glatte Verläufe ergeben, sind doch Störungen zu erkennen, die auf den nicht vollständig idealen Verlauf von $M(f)$ hinweisen. Insbesondere kann eine $\lambda/2$-Dickenresonanz (wie bei Sendewandlern, siehe Abschn. 3.1) nicht verhindert werden. Wenn die Übertragungsfunktion $M(f)$ als komplexwertige Funktion in Amplitude und Phase bekannt ist, kann man sie aber mit Hilfe eine Entfaltungsoperation zur Kompensation solcher Störungen nutzten. Die zweite Linie in Abb. 8 zeigt einen Druckverlauf nach Korrektur, der einen deutlich realistischeren Verlauf aufweist. Voraussetzung für diesen Prozess ist jedoch, dass während des

Kalibriervorgangs des Hydrophons (der für jedes Hydrophon notwendig ist) nicht nur der Amplitudenfrequenzgang sondern auch der für die Phase bestimmt wird [15].

Weitere Bauformen sind Nadelhydrophone und Wasserschallhydrophone. In beiden Fällen werden kompakte piezoelektrische Elemente verwendet. Bei Nadelhydrophonen werden kleine Plättchen auf eine Nadel mit einem Innenleiter gebracht und kontaktiert. Damit ergibt sich ein robustes Messinstrument. Auf Grund der Reflexion und der Beugung des Schallfeldes am festen Grundkörper ergeben sich aber auch viele zusätzliche Reflexionen, die als Schwankungen im Frequenzgang von M wiedergefunden werden. Für die Anwendungen zur Bestimmung von Wasserschall können, wegen der niedrigen Frequenzen, größere Piezokörper, oft Ringe oder Kugeln verwendet werden. Wasserschallhydrophone werden sehr kompakt gebaut, da sie auch in größerer Wassertiefe verwendet werden und dem hydrostatischen Druck des Wassers standhalten müssen. Mit Wasserschallhydrophonen werden Anwendungen mit Frequenzen von wenigen Hz bis etwa 500 kHz abgedeckt. Nadelhydrophone sind, je nach Größe und Dicke des Elements bis viele 10 MHz verwendbar. Für die Dicke des Piezoelements gilt dabei die Faustregel, dass die Resonanzfrequenz (siehe Abschn. 3.1) deutlich größer sein sollte als die höchste Frequenz der Anwendung.

Eine weitere wichtige Eigenschaft des Hydrophons ist die notwendige geometrische Größe. Es lässt sich leicht vorstellen, dass ein größeres Hydrophon eine größere Ladungsmenge und damit ein höheres Messsignal erzeugt. Wie in Abschn. 2.1 erläutert, hat Ultraschall aber sehr kleine Wellenlängen und die Schallfelder verfügen über sehr feine Strukturen, was in Abschn. 4.1 deutlich wird. Deshalb führt ein zu großes Hydrophon zu einer räumlichen Mittelung, die wichtige Informationen überdeckt. Um dies zu vermeiden, sollte das Hydrophon kleiner als $\lambda_{\min}/4$ sein, wobei $\lambda_{\min}$ die Wellenlänge des Signalanteils mit der höchsten Frequenz ist. Diese Bedingung kann oft für Anwendungen im MHz-Frequenzbereich aber nicht erfüllt werden. Für Messungen im Fernfeld (siehe Abschn. 4.1) kann als Faustformel für den maximalen Hydrophondurchmesser $d_{\max}$

$$d_{\max} = \frac{2\lambda}{8a}\sqrt{a^2 + r^2} \tag{11}$$

genutzt werden [16], wobei a den Radius des Sendewandlers und r den Abstand zwischen Wandler und Messort bedeuten. Die zitierte Norm bzw. die gesamte Serie IEC 62127 gibt auch viele weitere Hinweise für den praktischen Einsatz von Hydrophonen.

Optische Methoden

Piezoelektrische Hydrophone decken einen großen Teil der praktischen Messprobleme im Ultraschall ab. Darüber hinaus haben sich jedoch optische Techniken viele spezielle Anwendungen erschlossen, welche die Vorteile optischer Methoden wie sehr hohe räumliche und zeitliche Auflösung und parallele Signalverarbeitung ausnutzen. Die Interferometrie ist auch die einzige praktisch realistisch einsetzbare Technik, die in der Lage ist, nur eine Messebene, also die tatsächliche Verschiebung der Teilchen im Ultraschallfeld zu bestimmen. Da Vieles jedoch über den Rahmen dieses allgemeinen Artikels hinausgeht, sollen nur drei wichtige Methoden erwähnt und Literatur dazu angegeben werden.

Mit Hilfe der bereits erwähnten Interferometrie können die Verschiebungen von Teilchenebenen im Schallfeld gemessen werden. Ein Interferometer bestimmt durch Überlagerung einer Mess- und einer Referenzlichtwelle die Phase einer Lichtwelle (Kap. Interference in [17]). Lässt man diese Welle an einer schwingenden Oberfläche reflektieren, so kann aus der Phase der Lichtwelle die Auslenkung sehr genau bestimmt werden. Die minimal detektierbare Wegstrecke wird nur vom Rauschen der optischen Messanordnung bestimmt und Werte unter 0,1 nm sind leicht zu erreichen. Will man im Schallfeld selbst messen, werden speziell präparierte Reflektoren, z. B. beschichtete Folien in das Schallfeld gebracht [13]. Die weit häufigste Anwendung betrifft jedoch die Abtastung der Oberfläche des Wandlers bzw. der schwingenden Fläche (Kap. Laser interferometry und Application of laser interferometry to ultrasonic displacement measurement in [18]). Wird ein Gerät eingesetzt, das auch räumlich abtasten kann, so lassen sich auch große Flächen überdecken, was in der Bauakustik oder der zerstörungsfreien Prüfung angewandt wird. Während lange Zeit Forschungsgruppen Interferometer im Eigenbau erstellten, sind heute leistungsfähige Geräte kommerziell erhältlich. Sie beruhen fast ausnahmslos auf heterodynen Verfahren und nutzen schnelle Digitaltechnik zur Auswertung, was die Anwendungssicherheit und die Robustheit wesentlich gesteigert hat.

Eine weitere Technik mit hohem Praxisbezug nutzt die Möglichkeit der räumlich parallelen Signalverarbeitung aus. Breitet sich eine Ultraschallwelle in einem Medium aus, so gibt es Regionen mit Über- und solche mit Unterdruck, was dazu führt, dass auch die Dichte des Mediums variiert. Das wiederum führt zur Variation der optischen Brechzahl (siehe [19]), was wiederum die Phase eines das Medium durchleuchtenden Lichtwellenfelds verändert. Betrachtet man das Lichtfeld auf einem Schirm, wird man auf Grund der geringen Phasenänderungen (wir betrachten hier keine Kaustiken!) keine Intensitätsänderungen feststellen. Bildet man das durchleuchtete Gebiet jedoch mit einer Linse ab und filtert in der Fokalebene (Fourierebene) einzelne Ordnungen heraus (z. B. durch einen Spalt), so entsteht ein Intensitätsabbild, das die Druckminima und maxima zeigt. Dieses Verfahren ist als Schlierenverfahren bekannt und ist im Grunde dem Phasenkontrastverfahren von Frits Zernike (Nobelpreis dafür 1953) sehr ähnlich, das in der Mikroskopie angewandt wird. Der große Vorteil ist, dass man einen weiträumigen Bereich beleuchten kann und einen hervorragenden Überblick über den Verlauf des Schallfeldes bekommt. Es gibt auch die Möglichkeit der quantitativen Auswertung (Kap. Acousto-optic interaction in [18]).

Weiterhin hat man versucht, mit optischen Techniken kleine Ultraschallsensoren zu konstruieren. Dabei kommen faseroptische Techniken zum Einsatz. In der Literatur findet sich eine Vielzahl von Wirkmechanismen, die entweder eine Amplitudenmodulation oder eine Phasenänderung des Lichtfeldes infolge der Schalldruckänderung nutzen. Eine Änderung der Lichtamplitude in der Faser gelingt z. B. durch Veränderung der Krümmung der Faser oder der Änderung des Reflexionsfaktors bei Reflexion an einem Faserende. Eine Phasenänderung entsteht durch Drücken oder Dehnen der Faser und die daraus resultierende Brechzahländerung. Dabei wurden vielfach auch Interferenzsysteme verschiedenster Art eingesetzt. Eine Diskussion geht über das Blickfeld dieses Artikels weit hinaus, einen Überblick bekommt man in Kap. Piezoelectric and fiberoptic hydrophones in [6] und in [20], einschließlich dort genannter weiterer Übersichtsartikel.

4 Das Schallfeld einer Ultraschallquelle

4.1 Das Schallfeld einer Kolbenmembran

Im Gegensatz zur überwiegenden Zahl der Quellen im Frequenzbereich der Hörakustik ist im Ultraschall die Quelle oft räumlich sehr viel ausgedehnter als die Größe der Wellenlänge λ des abgegebenen Schallbündels. Die Folgen für die Ausbreitung dieses Bündels kann man sich mit Hilfe des Huygensschen Prinzips gut vorstellen. Huygens hatte vorgeschlagen, dass Wellenfelder sich aus vielen einzelnen Kugelwellen zusammensetzen, die an jedem Punkt einer Wellenfront entstehen. Aus der Überlagerung bildet sich eine neue Wellenfront, die wiederum aus Punktquellen besteht. Insbesondere kann man sich vorstellen, dass alle Teile der schwingenden Wandleroberfläche solche Quellen darstellen. Dann kommt es zu einer Vielzahl an Interferenzen, die das Schallfeld bestimmen. In Abb. 9 ist beispielhaft das Schallfeld eines ebenen Wandlers gezeigt, wie es mit einer beugungsoptischen Methode [21] berührungslos gemessen wurde. Direkt vor dem Wandler erkennt man sehr viele lokale Schalldruckmaxima und -minima. Man kann sich vorstellen, dass sie durch die Überlagerung der einzelnen Kugelwellen, die von den einzelnen Wandlerflächenelementen ausgehen entstehen. Ist der Betrachtungspunkt (Aufpunkt) in größerer Entfernung, „beruhigt“ sich dagegen das Schallfeld. Ursache ist, dass nun alle Wandlerflächenelemente etwa den gleichen Abstand zum Aufpunkt haben und Phasenunterschiede erzeugende Laufwegunterschiede weniger ins Gewicht fallen

Abb. 9 Darstellung des generellen Druckverlaufes im Schallfeld eines ebenen Ultraschallwandlers, Linien verbinden Punkte gleichen Schalldrucks, gelbe/helle Grautöne zeigen hohen Schalldruck, blaue/dunkle Grautöne niedrigen Schalldruck, U_S: Sendespannung

bzw. erst bei größeren Änderungen des Abstands zwischen Aufpunkt und Schallfeldachse wirksam werden. Um diesem Unterschied Rechnung zu tragen, unterscheidet man zwischen Fern- und Nahfeld.

Um festzulegen, wo die Grenze zwischen beiden verläuft, lohnt es sich, das Schallfeld eines ebenen Wandlers (oft auch Kolbenmembran genannt) einmal genauer zu betrachten. Die mathematische Formulierung des Huygensschen Prinzips findet man im sogenannten Rayleigh-Integral [22], dass die Überlagerung der einzelnen Kugelwellen

$$\Phi_K = \hat{\Phi}\frac{e^{ikr}}{r} \tag{12}$$

beschreibt:

$$\Phi = \frac{1}{2\pi}\int_F v\frac{e^{ikr}}{r}\,dF \tag{13}$$

wobei hier das Schnellepotential Φ verwendet wird. Die Variable v bezeichnet die Schnelle auf der Wandleroberfläche F, r den Abstand des Aufpunkts zu einem Flächenelement dF auf der Wandleroberfläche und k die Wellenzahl $2\pi/\lambda$.

Für einen ebenen Wandler lässt sich dieses Integral vereinfachen [23] und man erhält

$$\Phi = \frac{v}{2\pi ik}\int_S e^{ikr_1}\,ds - \frac{v}{ik}e^{ikz} \tag{14}$$

wobei z die Ausbreitungsrichtung senkrecht zur Wandleroberfläche bezeichnet und r_1 den Abstand des Aufpunkts zu allen Randelementen ds das Wandlers. Zur Lösung muss r_1 durch einen geeigneten Parameter beschrieben werden und dann kann die Integration als Linienelement auf dem Rand ausgeführt werden. Man erkennt aus Gl. 14, dass das Schnellepotenzial sich damit aus zwei Anteilen zusammensetzt. Der Zweite ist eine fortschreitende ebene Welle. Sie wird überlagert von einem Anteil, der nur vom Rand des Wandlers auszugehen scheint und wird deshalb als Randbeugungswelle bezeichnet. Viele Schallfeldeigenschaften lassen sich sehr schlüssig mit dieser Überlagerung verstehen. Diese Überlegung ist schon lange aus der Optik als Beschreibung nach Rubinovicz bekannt. Er hatte beobachtet, dass eine Scheibe im Gegenlicht scheinbar nur am Rand leuchtet [19]. Da das Lichtfeld nach dem Babinetschen Theorem von Beugungserscheinungen bestimmt wird, hatte er diese als Randintegral beschrieben.

Gl. 14 kann für den Fall des kreisrunden Wandlers und den Fall des Schallfelds auf der Schallausbreitungsachse weiter vereinfacht werden. Man erhält

$$\Phi(z) = \frac{v}{\mathrm{i}k} e^{\mathrm{i}k\sqrt{a^2+z^2}} - \frac{v}{\mathrm{i}k} e^{\mathrm{i}kz} \quad (15)$$

wobei a den Wandlerradius bezeichnet. Mit einer Näherung für größere Entfernungen erhält man für die Amplitude

$$|\Phi(z)|^2 = \frac{v^2}{k^2}\left(2 - 2\cos\frac{\pi a^2}{\lambda z}\right) \quad (16)$$

Für kleine Entfernungen z oszilliert die Amplitude des Potenzials und damit des Schalldrucks mit steigendem Abstand vom Wandler stark – was mit Blick auf das experimentelle Ergebnis in Abb. 9 zu erwarten war. Wenn z den Wert a^2/λ erreicht, hören die Oszillationen auf und der Schalldruck fällt monoton ab, wie Abb. 10 zeigt. Deshalb markiert a^2/λ den Übergang vom Nahfeld zum Fernfeld und stellt eine fundamental wichtige Größe für jede Ultraschallanwendung dar. Je höher die Frequenz, umso ausgedehnter ist das Nahfeld, wie in Abb. 10 zu erkennen ist. Das hat zum Teil überraschende Folgen: Misst man zum Beispiel die Luftultraschallemission von einer Ultraschallreinigungswanne, so erhält man in Abständen die typischerweise vom Bedienungspersonal eingenommen werden sehr stark schwankende Signale und damit auch eine lokal sehr unterschiedliche Schallbelastung des Bedieners.

Wenn man die cos-Funktion in Gl. 16 für sehr große z entwickelt, so zeigt sich, dass die Amplitude des Schalldrucks mit $1/r$ abfällt. Für große Abstände verhält sich also ein Ultraschallwandler auf der z-Achse dann doch noch wie eine Kugelwelle.

Insbesondere für die Erzeugung fokussierter Schallfelder werden sehr vorteilhaft gekrümmte Wandleroberflächen eingesetzt. Das Huygenssche Prinzip und die Schallfeldberechnung mit Hilfe des Rayleigh-Integrals können auch für diesen Fall eingesetzt werden [24]. Im Fokus eines solchen Feldes können sehr hohe Schalldrücke entstehen, weshalb die Annahmen der linearen Wellenausbreitung nur noch begrenzt gelten. Der Einfluss der nichtlinearen Wellenausbreitung führt dabei zur Verformung der zeitlichen Verläufe z. B. von Ultraschallimpulsen. Als Beispiel ist in Abb. 8 der Verlauf eines typischen diagnostischen Impulses gezeigt, wie er mit einem Membranhydrophon gemessen wurde. Es zeigt sich, dass der zeitliche Verlauf des Schalldrucks nicht

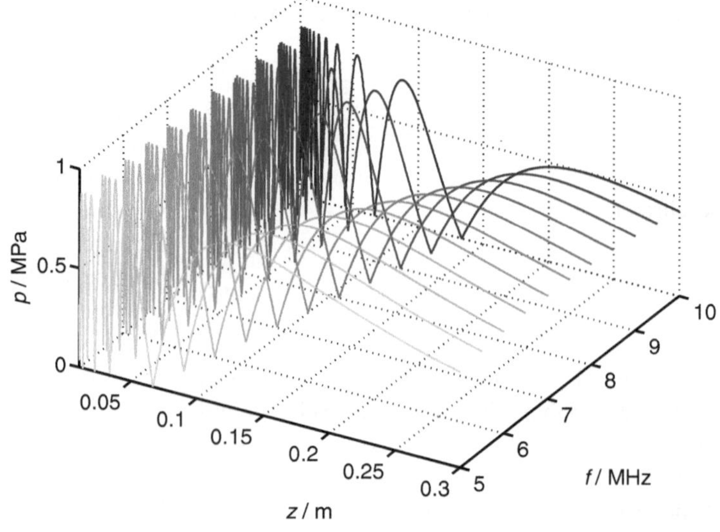

Abb. 10 Schallfeld eines ebenen Wandlers auf der Schallausbreitungsachse in Abhängigkeit von der Frequenz für eine Schnelle von 0,3 m/s in Wasser, Durchmesser des Wandlers 12.5 mm

mehr symmetrisch um den Wert des atmosphärischen Überdrucks schwankt. Die Amplitude des Unterdrucks ist deutlich kleiner als die des Überdrucks, was im Sprachgebrauch der Ultraschallanwender gern als „Aufsteilung“ bezeichnet wird.

Die Ursache dafür ist, dass in die Wellengleichung Materialgleichungen eingehen, insbesondere für die Beschreibung der Verformung des Mediums. Wenn die Schalldrücke klein sind, gelten lineare Beziehungen zwischen Anregung und erzeugtem Signal und man erhält z. B. gleiche Werte für Unter- und Überdruck. Wird der Schalldruck groß, dann steigt die Dichte des Mediums nicht mehr proportional zum Überdruck bzw. eine Dichteerhöhung führt zu einer überproportionalen Druckerhöhung. Gleichzeitig wird dadurch auch die Schallgeschwindigkeit druckabhängig und mit steigendem Druck breitet sich die Schallwelle umso schneller aus, je höher der Druck ist. Im Impuls breiten sich so die Halbwellen mit einem Unterdruck langsamer aus als die Halbwellen mit Überdruck und es wird anschaulich deutlich, warum die Spitzen in Abb. 8 soweit „vorn“ liegen und der Impuls gewissermaßen nach vorn kippt. Die Einbeziehung nichtlinearer Effekte in die mathematische Beschreibung der Schallausbreitung erfordert einen sehr hohen Aufwand und kann in [9], [25] und [26] nachgelesen werden.

4.2 Reflexion und Brechung einer Ultraschallwelle

Reflexion und Brechung spielen im Ultraschall eine wichtige Rolle. Ursprünglich waren sie Begriffe, die man mit Lichtstrahlen [17] verband. Betrachtet man die Feldbeschreibung, die durch die Anwendung des Huygensschen Prinzip entsteht, so kann man sich vorstellen, dass es, auch bei komplizierten Überlagerungen gelingt, benachbarte Punkte gleicher Phase zu finden. Auf Grund der Struktur der Lösungen der Wellengleichung liegen diese Punkte auf Flächen, die durch zu ihnen senkrechte in Ausbreitungsrichtung gerichtete Linien beschrieben werden können. Betrachtet man nur diese Linien, dann spielt die Wellenlänge keine Rolle mehr und man kann sie so klein wie möglich machen. Es lässt sich zeigen [19], dass unter diesen Umständen die Energie entlang der gerichteten Linien fließt und viele Eigenschaften des Feldes sich aus geometrischen Überlegungen ergeben.

Dieses Konzept lässt sich für Lichtwellen auf Grund der kleinen Wellenlängen im Vergleich zu den eher makroskopischen Dimensionen von Anwendungen gut verwenden. Da, wie in Abschn. 2.1 erläutert, auch der Ultraschall oft vergleichsweise kleine Wellenlängen hat, lassen sich auch hier solche Methoden anwenden, besonders vorteilhaft für die Beschreibung der Phänomene der Reflexion und Brechung. Als Beispiel wird hier der Fall der Grenzfläche zwischen zwei schubspannungsfreien Medien behandelt und dann gezeigt, wie er sich auf andere Anwendungsfälle erweitern lässt.

Dem Konzept des Lichtstrahls folgend werden alle beteiligten Schallfelder nun als ebene Wellen beschrieben. Eine einfallende Dichtewelle (Scherwellen kommen im schubspannungsfreien Medium nicht vor) mit Wellenvektor $\vec{k}_e$ trifft auf die Grenzfläche und erzeugt eine reflektierte und eine transmittierte Welle mit den Wellenvektoren $\vec{k}_r$ und $\vec{k}_t$ (siehe Abb. 11). Die Auslenkung erfolgt in der (x, z) – Ebene, weshalb die Richtungen der Wellenvektoren mit einzelnen Winkeln θ_e, θ_r, θ_t, festgelegt werden. Das Geschwindigkeitspotenzial ist dann

$$\Phi_j = \phi_j e^{-\mathrm{i}\left(\omega t - \vec{k}_j \vec{r}\right)}, \quad j = \mathrm{e, r, t} \tag{17}$$

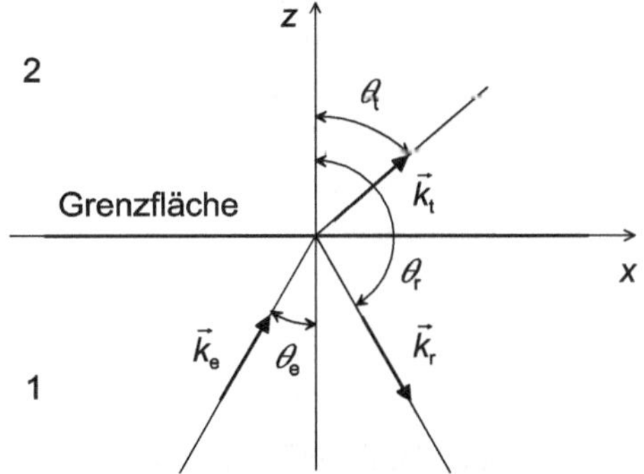

Abb. 11 Reflexion und Brechung an der schubspannungsfreien Grenzfläche, 1 und 2 beschreiben die beiden Medien, Formelzeichen siehe Erläuterung im Text

wobei ω die Kreisfrequenz und Vektor $\vec{r}$ den Ortsvektor bedeuten und sich die Koordinaten x und z des Ortsvektors für die einzelnen Wellen mit den Winkeln aus Abb. 11 darstellen lassen. Aus dem Schnellpotenzial lassen sich Schallschnelle und -druck gewinnen:

$$\vec{v}_j = -\text{grad}\Phi_j = -\mathrm{i}\vec{k}_j\Phi_j, \quad p_j = \rho_j \frac{\partial \Phi_j}{\partial t} = -\mathrm{i}\omega\rho_j\Phi_j, \quad j = \mathrm{e,r,t}. \tag{18}$$

An der Grenzfläche muss nun gelten, dass der Druck und die Schnelle stetig von Medium 1 in Medium 2 übergehen:

$$\rho_1\Phi_1|_{z=0} = \rho_2\Phi_2|_{z=0}, \quad k_1\Phi_1|_{z=0} = k_2\Phi_2|_{z=0} \tag{19}$$

Das kann dadurch erreicht werden, dass auf der Eingangsseite eine zusätzliche Welle, nämlich das reflektierte Bündel einbezogen wird und Φ_1 sich damit aus zwei Einzelwellen zusammensetzt. Im Grunde könnte man auch in Medium 2 eine zweite Welle einführen, die mit $-\theta_t$ einläuft. Das ist aber unphysikalisch, weil es der Sommerfeldschen Strahlungsbedingung widerspricht [27]. Bei der Analyse der Vorgänge an Grenzflächen muss deshalb auch immer überprüft werden, ob andere grundlegende Gesetze erfüllt sind.

Die Übergangsbedingungen in Gl. 19 müssen nun auf der gesamten Grenzfläche, also für alle x gelten. Das bedeutet, dass die Projektionen der Phasenflächen aller Wellen in die Grenzfläche gleich sein müssen. Am leichtesten ist dies mit der Huyghensschen Konstruktion zu verstehen, die z. B. in Kap. Das Prinzip von Huygens-Fresnel, Abschn. 3.2 in [28] erläutert ist. Es zeigt sich, dass alle Wellen die gleiche Spur haben müssen, um Gl. 19 zu erfüllen:

$$\frac{\sin\theta_e}{c_1} = \frac{\sin\theta_r}{c_1} = \frac{\sin\theta_t}{c_2}. \tag{20}$$

Gl. 20 bestimmt damit auf einfache Weise die beteiligten Winkel und ist in der Optik als Snelliussches Brechungsgesetz bekannt. Mit Hilfe dieser Winkel können nun ein Reflexionsfaktor und ein Transmissionsfaktor festgelegt werden, die erhebliche praktische Bedeutung haben:

$$r_\phi = \frac{\phi_r}{\phi_e} = \frac{\cos\theta_e - \dfrac{c_1\rho_1\cos\theta_t}{c_2\rho_2}}{\cos\theta_e + \dfrac{c_1\rho_1\cos\theta_t}{c_2\rho_2}},$$

$$t_\phi = \frac{\phi_t}{\phi_e} = \frac{2\dfrac{\rho_1\cos\theta_e}{\rho_2}}{\cos\theta_e + \dfrac{c_1\rho_1\cos\theta_t}{c_2\rho_2}} \tag{21}$$

Dieses Ergebnis ist vollständig äquivalent zur Lösung für optische Wellen. Die Rolle des Quotienten ρ_1/ρ_2 übernimmt dort allerdings der Quotient der Dielektrizitätsfunktion $\varepsilon_1/\varepsilon_2$.

Für den praktischen Einsatz sind insbesondere die Werte für $\theta_e = 0$ bedeutsam und sollen hier noch kurz zusammengetragen werden. Eine dabei oft übersehene Tatsache ist, dass Gl. 21 unter Beachtung von (18) weiterverwendet werden muss. Deshalb ergeben sich für Druck und Schnelle *unterschiedliche* Faktoren r und t:

$$r_p = r_\phi, \quad t_p = \frac{\rho_2}{\rho_1}t_\phi, \quad r_v = -r_\phi, \quad t_v = \frac{c_1}{c_2}t_\phi \tag{22}$$

Insbesondere für r ist das sofort einsichtig, da bei der Reflexion einer Druckwelle an einer schallweichen Grenzfläche ein Phasensprung entsteht, eine Schnellewelle jedoch keinen erzeugt. Für die Transmissionsfaktoren ist der Energiesatz der Hintergrund für die ungleiche Behandlung.

Das hier beschriebene Prinzip lässt sich nun auch auf kompliziertere Fälle an Grenzflächen unter Einbeziehung von Festkörpern erweitern. In festen Stoffen treten auch Scherwellen auf, in denen die Teilchen senkrecht zur Ausbreitungsrichtung ausgelenkt werden. Dabei muss auch noch unterschieden werden, ob die Auslenkung in der Einfallsebene (x, z) oder senkrecht dazu stattfindet. Im ersteren Fall kann auch Energie zwischen einer Dichtewelle und einer Scherwelle ausgetauscht werden (Modenumwandlung). Zur Analyse ist eine Fallunterscheidung notwendig, in der zunächst die einfallenden Wellen und alle entstehenden Wellen festgelegt werden. Ist z. B. Medium 1 ein Festkörper und Medium 2 Luft, und schwingt die Welle in der Einfallsebene, dann gibt es jeweils eine einfallende und eine reflektierte Dichtewelle und Scherwelle. Eine ausführliche Zusammenstellung vieler Fälle findet sich in Kap. Plane harmonic waves in elastic half-spaces in [29].

Das Prinzip der Spurtreue bleibt allerdings erhalten, denn an der Huyghensschen Konstruktion ändert sich im Grunde nichts. Für alle beteiligten Wellen gilt also immer

$$\frac{\sin\theta_{j,m,q}}{c_{m,q}} = Konst,\ j = \mathrm{e,r,t},\ \mathrm{m} = 1,2,\ q = \mathrm{D,S} \tag{23}$$

wobei j wieder die Art der Welle, m das Medium und q den Wellentyp (Dichtewelle oder Scherwelle) bezeichnen. Damit lassen sich immer auf einfache Weise die geometrischen Verhältnisse beschreiben. Es sei jedoch noch einmal darauf hingewiesen, dass die strahlenoptische Betrachtung eine Näherung darstellt und insbesondere laterale Schallfeldeffekte, die in praktischen Anwendungen eine große Rolle spielen, nicht einbezieht.

4.3 Kavitation

Bei der Ausbreitung von Ultraschallwellen in Flüssigkeiten können, wie in Abschn. 2.2 beschrieben, hohe Unterdruckamplituden auftreten. Reine Flüssigkeiten haben eine sehr hohe Zerreißschwelle, die durch Verunreinigungen, wie sie in jedem praktischen Fall vorkommen, jedoch drastisch verringert wird. Solche Verunreinigungen sind z. B. Schwebstoffe und daran hängende Gasmoleküle, gelöste große Moleküle, oder am Gefäßrand in Hohlräumen anhaftende Gasvolumina. Dadurch kann während einer Unterdruckphase einer Welle das Medium an dieser Stelle aufreißen. Der Hohlraum füllt sich mit Dampf oder Gas und eine Blase entsteht. Diese Blase oszilliert und kollabiert mit sehr unterschiedlichen zeitlichen Abläufen im Schallfeld und alle diese Prozesse werden als Kavitation bezeichnet ([2], Kap. Kavitation in [8], [30]). Die beschriebenen Verunreinigungen bezeichnet man als Kavitationskeime. Ihr Vorhandensein ist Voraussetzung für alle Kavitationsereignisse. Allerdings sind diese Keime sehr unterschiedlich und nur schwer allgemein zu beschreiben. Das ist einer der Gründe, warum Kavitation oft mit sehr überraschenden Ergebnissen und stochastisch abläuft.

Der entstehende Hohlraum füllt sich mit Dampf, und wenn in der Flüssigkeit viel Gas gelöst ist auch mit diesem Gas. Dieses Gaspolster wirkt wie eine Feder und die umgebende Flüssigkeit wie eine Masse. Deshalb kann die Blase schwingen und die Oberfläche der Blase vollführt Oszillationen. Wenn das Schallfeld nicht zu stark ist, schwingt die Blase wie ein harmonischer Oszillator und kann viele Zyklen durchlaufen. Diesen Prozess bezeichnet man als weiche oder nicht-inertiale Kavitation. Allerdings bewirkt insbesondere bei kleinen Blasen die Wirkung der Oberflächenspannung schließlich die Auflösung der Blasen. Verstärkt man das Schallfeld innerhalb der Lebensdauer jedoch, so schwingt die Blase immer weiter auf und die Geschwindigkeit der Blasenwand erhöht sich dramatisch. Ab einem bestimmten Schalldruck, der sogenannten Kavitationsschwelle wird die Bewegung nicht mehr durch die Kräfte in der Blase allein bestimmt sondern von der Masse des Wassers, das insbesondere beim Kollaps nicht mehr „zu bremsen" ist. Die Blase kollabiert extrem stark und führt oft nur einen finalen Kollaps aus, um dann nachzuschwingen. Dieses Verhalten nennt man deshalb auch inertiale oder harte Kavitation.

Für diagnostische Ultraschalluntersuchungen nutzt man kleine Bläschen als Kontrastmittel. Damit sie sich nicht sofort auflösen werden sie mit Hüllen aus Peptiden oder Albumin versehen. Trotz dieser Hüllen zeigen sie ganz ähnliche Eigenschaften wie eine ungeschützte Blase und können auch starke nichtlineare Schwingungen ausführen.

Der Übergang zwischen den beiden Kavitationsformen ist ein Schwellenprozess. Viele Größen, die von der Blasenbewegung abhängen wie der Druck in der Blase oder die Blasenwandgeschwindigkeit erhöhen sich plötzlich innerhalb eines sehr geringen Schalldruckbereiches. Die

Festlegung der Schwellen kann auf theoretischer Basis oder experimentell durch Messung von Blaseneigenschaften oder auch der Wirkungen der Kavitation erfolgen. Für eine theoretische Herleitung benötigt man zunächst eine Beschreibung der Blasendynamik, die mit der Rayleigh-Plesset-Gleichung und ihren vielen Erweiterungen erfolgen kann ([2], [31]). Außerdem muss ein Schwellenkriterium festgelegt werden. Benutzt man z. B. den kritischen Druck ab dem die Blase den stationären Schwingungszustand verlässt, erhält man die Blakeschwelle, die mit

$$p_{\mathrm{Bl}} = p_0 + 0{,}77 \frac{\sigma}{R_0} \tag{24}$$

gut approximiert werden kann, wobei p_0 den hydrostatischen Druck, σ die Oberflächenspannung und R_0 den Blasenruheradius bezeichnen. Weitere Kriterien beziehen sich auf den maximalen Blasenradius in Bezug auf R_0, wobei ab etwa 2 R_0 harte Kavitation auftritt. Bei praktischen Anwendungen im industriellen Ultraschall findet man für Frequenzen zwischen 20 und 40 kHz in normalem Trinkwasser Kavitationsschwellen bei einem Schalldruck von etwa 50 bis 100 kPa. Diese Schwelle steigt mit der Ultraschallfrequenz an [32].

Diese ungewöhnlich intensiven Prozesse bewirken eine Reihe von außerordentlichen Wirkungen, die wiederum erstaunliche Anwendungen nach sich ziehen. Bei dem starken Blasenkollaps werden das Gas und der Dampf in der Blase extrem stark komprimiert. Da der Prozess in wenigen µs abläuft, kann man adiabatische Verhältnisse voraussetzen und es entstehen extrem hohe Temperaturen und Drücke in der Blase. Experimentell sind Werte deutlich über 5000 K und 1 GPa bestimmt worden. Dabei entsteht ein Plasma, das Licht aussendet, was als Sonolumineszenz [33, 34] bezeichnet wird. Außerdem entstehen freie Radikale, die sonochemische Reaktionen [35] verursachen.

Außerhalb der Blase führt die plötzliche hohe Kompression auch zu einer explosionsartigen Dekompression, die sich in einer starken Stoßwelle äußert, die von der Blase abgegeben wird. Diese Stoßwelle erzeugt, im Zusammenspiel mit denen von Millionen anderen Blasen, das sogenannte Kavitationsrauschen [36], das oft zur Charakterisierung von Kaviationsblasenfeldern eingesetzt wird. Weiterhin verursacht die sich schnell bewegende Blasenwand starke lokale Mikroströmungen, die hohe Flussgeschwindigkeiten erreichen können. Kollabiert die Blase vor einer Wand, dann kann man sich vorstellen, dass die Flüssigkeit zwischen Wand und Blase nicht schnell genug nachfließen kann. Folge davon ist, dass die gegenüberliegende Blasenwand sich nach innen verformt und daraus entwickelt sich ein feiner aber extrem schneller Flüssigkeitsstrom (Jet), der auf die Oberfläche gerichtet ist [37]. Diese Mikroströme werden für Oberflächenzerstörung verantwortlich gemacht, die man von Ultraschallreinigung aber auch von Strömungskavitation an Schiffspropellern kennt.

Kommt eine schwingende Blase in ein Schallfeld, so wirkt auf sie eine Kraft. Zunächst ist festzustellen, dass auf einen Körper in einem inhomogenen Schallfeld immer eine äußere Kraft wirkt, da der Druck allseits auf den Körper ausgeübt wird. Hier ist aber noch die Schwingung der Blase zu beachten, die mit dem Schallfeld wechselwirkt. Diese sogenannte Bjerkness-Kraft bewirkt, dass die Blasen im Schallfeld sich bewegen und zwar abhängig von ihrer Größe (Kap. Kavitation in [8], Kap. Numerische Methoden der Technischen Akustik in [31]). So sammeln sich z. B. in einer Stehwelle die kleinen Blasen in den Druckknoten und die großen Blasen in den Druckbäuchen. Weiterhin erzeugt jede Blase selbst wieder ein Schallfeld, da sie selbst schwingt und dieses Schallfeld wirkt wiederum auf andere Blasen und umgekehrt. Diese Wechselwirkung führt dazu, dass sich die Blasen in einer Wolke nicht frei bewegen sondern zu Strukturen und Clustern anordnen (Kap. Bubble structures in acoustic cavitation in [31]). Diese Cluster bestimmen wesentlich die Anwendungseigenschaften der Kavitationswolke. Da es sich um eine Vielteilchenwechselwirklung handelt, führt sie auch zu chaotischem Verhalten [38], was die Steuerung und Optimierung von Kavitationsprozessen oft sehr erschwert.

Es lässt sich vorstellen, dass die beschriebenen Kavitationsprozesse zahlreiche Anwendungen ermöglichen. Die Strömungen fördern Mischen, Verwirbeln und Emulgieren oder lösen Partikel ab

(Reinigung), die hohen Drücke erzeugen Sonolicht und vor allem viele chemische Reaktionen, die Jets entfernen Passivierungsschichten, helfen beim Aufschluss von Pflanzeninhaltsstoffen oder töten Bakterien bei der Abwasserreinigung. Ultraschall hat aber auch darüber hinaus eine Vielzahl von Anwendungen, die im nächsten Kapitel zumindest ansatzweise vorgestellt werden sollen.

5 Anwendungen von Ultraschall

In den bisherigen Abschnitten wurden die speziellen Eigenschaften von Ultraschall vorgestellt. Es leuchtet unmittelbar ein, dass Vorgänge wie Kavitation oder Energietransport, kurze Impulse oder extreme Druckspitzen eine große Vielfalt von Anwendungen ermöglichen, die oft konkurrenzlos in Bezug auf alternative Verfahren sind. In der Medizin ist die Ultraschalldiagnose unterdessen das am häufigsten angewandte bildgebende Verfahren geworden, aber auch therapeutische Verfahren sind auf dem Vormarsch. Bei technischen Anwendungen zeichnen sich Ultraschallprozesse vor allem durch unkomplizierte und unempfindliche Technik aus, die auch unter rigidesten Umgebungsbedingungen noch störungsfrei funktioniert. Deshalb ist gerade die Prozesskontrolle und -steuerung in industriellen Fertigungsprozessen eine Hauptanwendung von Ultraschall.

Einen vollständigen Überblick über alle Anwendungen zu geben ist nahezu unmöglich. Abb. 12 versucht jedoch zumindest für einige wichtige Fälle eine Zuordnung zu den angewandten Frequenzen und applizierten Schalldrücken zu geben, wobei alle Angaben im Sinne von Richtwerten zu verstehen sind. Mit Frequenzen im Bereich bis etwa 1 MHz und moderaten Schalldrücken bis 1 MPa arbeiten viele technische Anwendungen wie z. B. nahezu alle Verfahren die auf Kavitation beruhen, beispielsweise Reinigen, Emulgieren, Mischen, Verdampfen und die Sonochemie. Dabei ist allerdings zu beachten, dass trotz der moderaten Drücke wegen der großen verwendeten Volumina Hochleistungswandler eingesetzt werden müssen. In ähnlichem Frequenzbereich arbeiten Maschinen zum Ultraschallbohren und -schweißen, die ebenfalls für Produktionsprozesse von großer Wichtigkeit sind.

Diagnostische Anwendungen sowohl in der Medizin und als auch in der Technik verwenden kurze Impulse und oft deutlich höhere Schalldrücke um ein hohes Signal-Rausch-Verhältnis beim Empfang zu sichern. Therapeutische Anwendungen nutzen oft Frequenzen im Bereich 1–5 MHz, weil hier die Absorption im Gewebe bereits hoch genug ist, die Eindringtiefe aber noch im Bereich vieler cm liegt und die Erzeugung hoher Leistungen noch nicht zu aufwändig ist. Die Lithotripsie, die Zerstörung von Steinen im Körper, wie sie routinemäßig z. B. zur Beseitigung von Nierensteinen verwendet wird, nutzt extrem hohe, steile Ultraschallimpulse (bis 100 MPa), denen aber eine Grundwelle im Bereich 50 bis 200 kHz zugrunde liegt. Auch die Mikroskopie stellt mit Frequenzen bis ca. 4 GHz einen Sonderbereich dar.

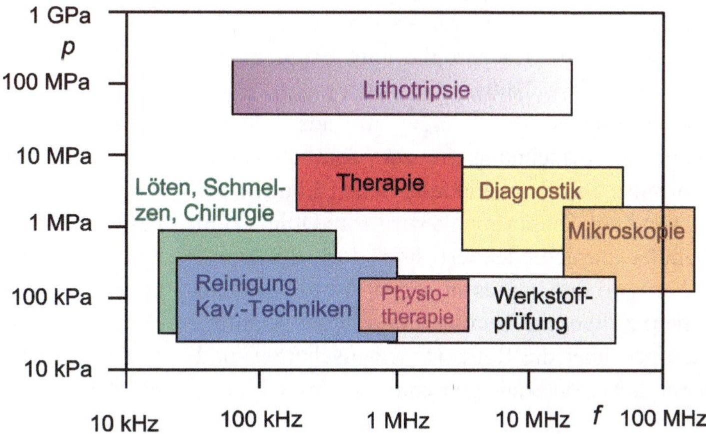

Abb. 12 Einordnung verschiedener Ultraschallanwendungen nach Frequenz und angewandtem Schalldruck

Im Folgenden sollen einige Beispiele die verschiedenen Ansätze der Anwendung von Ultraschall verdeutlichen. Sie können auf Grund der Vielfalt nur eine Anregung zum Weiterlesen sein.

5.1 Technische Anwendungen

Technische Anwendungen lassen sich grob in solche, die mit kleinen Ultraschallleistungen arbeiten und Anwendungen mit hohen Dauerschallleistungen einteilen. Hierbei ist Leistung im zeitlichen Mittel gemeint, denn Impulsfolgen weisen zwar hohe instantane, aber nur geringe mittlere Leistungen auf. Die Unterscheidung ist nicht immer trennscharf, ermöglicht aber eine grobe Einteilung.

Anwendung von Signalen mit kleiner Leistung

Technische Anwendungen mit kleinen Ultraschallleistungen verwenden fast immer Impulse oder kurze Tonbursts, um die verschiedensten Aufgaben zu erfüllen. Dabei kommen sowohl feste als auch flüssige und gasförmige Ausbreitungsmedien vor. Sehr oft geht es darum, ein Objekt zu lokalisieren und seine geometrischen Formen oder auch seine (Material-) Eigenschaften zu bestimmen. In vielen Fällen ist der Abstand zum Sender eine wesentliche Information, die ermittelt werden soll. Dabei wird vor allem die Eigenschaft des Ultraschalls zur Möglichkeit der Bündelung (siehe Abschn. 2.1) ausgenutzt.

Bei Anwendungen zur Lokalisation kommt sehr häufig das Prinzip des Impuls-Echo-Verfahrens zum Einsatz. Es wurde erstmals im Echolot, nach der Titanic-Katastrophe entwickelt, eingesetzt. Ein Ultraschallwandler sendet dazu einen kurzen Impuls der Länge Δt aus, dessen räumliche Ausdehnung $\delta = c\Delta t$ deutlich kürzer sein muss als alle charakteristischen Längen der Anwendung. Dieser Impuls wird vom Objekt zum Wandler zurückreflektiert und dort detektiert. Dabei wird der Impuls in seiner Amplitude und seinem Zeitverlauf verändert und liefert so Informationen über die Reflexionseigenschaften, und damit über Materialeigenschaften, des Objekts. Aus der Laufzeit t_L kann mit $s = t_L c/2$ der Abstand des Objekts vom Sendewandler bestimmt werden. Wird die Amplitude des reflektierten Signals über der Zeit aufgetragen so spricht man von einem A-Bild (amplitude modulation), obwohl es natürlich eine eindimensionale Darstellung ist. Wird jeder Zeit ein Ort zugewiesen und dort die Intensität des reflektierten Signals z. B. als Helligkeit auf einem Schirm aufgezeichnet, entsteht eine B-Linie bzw. ein B-Bild (brightness modulation).

Die Erweiterung dieses Verfahrens liegt auf der Hand: nutzt man Wandler mit mehreren Elementen, wie z. B. solche aus Abb. 3 kann man mehrere Impulse in verschiedene Gebiete des Mediums aussenden und größere Bereiche abtasten, indem viele B-Linien zu einem Bild (dem eigentlichen B-Bild) zusammengesetzt werden. So entsteht ein sogenanntes Schnittbild, da eine zweidimensionale Fläche in der Ebene, welche die Wanderelemente enthält überstrichen werden kann. Führt man elektronisch Phasenverschiebungen zwischen den Impulsen ein, die denen einer Phasenplatte entsprechen, kommt es zu einer Fokussierung, deren Richtung gesteuert werden kann. Damit kann ein Kreissektor im Medium mit optimalen Auflösungsbedingungen abgetastet werden. Die Verwendung mehrerer Wandlerelemente ermöglicht auch eine parallele Signalverarbeitung, was die Bildentstehungszeiten verringert.

Eine wichtige Anwendung dieser Verfahren ist die zerstörungsfreie Prüfung von Werkstücken und Werkstoffen [39, 40]. Dabei werden vor allem Störungen im Materialgefüge wie z. B. Hohlräume, Risse oder Delaminationen in Faserverbundwerkstoffen gesucht. Die Untersuchungen betreffen oft auch sicherheitsrelevante Bauteile wie Eisenbahnräder oder Druckbehälter von Atomanlagen. Mit Hilfe scannender Verfahren werden weite Bereiche des Materials überstrichen und kosteneffektive Prüfungen sind möglich. Dabei wird nicht nur nach Lage und Größe eines Defekts gesucht sondern auch eine Beurteilung, z. B. eines Gefährdungspotenzials, vorgenommen.

Die Detektion von Objekten oder Grenzflächen spielt auch bei Schallausbreitung in Flüssigkeiten oder Gasen eine wichtige Rolle. Prominentes Beispiel sind die immer verbreiteteren Rückfahrhilfen in Autos. Aber auch Positionsbestimmung und Objekterkennung sind neben der Abstandsbestimmung möglich. Eine besondere Anwendung ist dabei die Füllstandsbestimmung, die in vielen industriellen Prozessen eine wichtige Rolle spielt. Dabei werden entweder im – meist gasförmigen – Medium oberhalb des Füllgutes oder in diesem selbst Ultraschallimpulse erzeugt, die an der Grenzfläche zwischen Füllgut und Umgebung reflektiert werden. Auch in diesem Falle gibt die Laufzeit Auskunft über den zurückgelegten Weg, der leicht in die Füllhöhe umgerechnet werden kann. Ultraschall darf hier insbesondere auch in explosionsgeschützten Bereichen verwendet werden. Oft wird gleichzeitig auch eine Materialbestimmung bzw. Unterscheidung von verschiedenen Füllgütern vorgenommen. Selbst in Verbrennungsmotoren im Auto wird der Ölstand mit Ultraschallsensoren kontrolliert.

Eine weitere technisch wichtige Anwendung ist die Bestimmung von Durchflussgeschwindigkeiten und damit Durchflussmengen in Rohren mithilfe von Ultraschall. Hierfür werden verschiedene Verfahren genutzt. Das am häufigsten verwendete setzt kurze Impulse und zwei Wandler ein, siehe Abb. 13. Die Sendewandler werden dazu in ein Rohrstück der Rohrleitung eingebaut oder mit einer Vorlaufstrecke von außen aufgesetzt (Clamp-on-Technik). In Abb. 13 sind beide

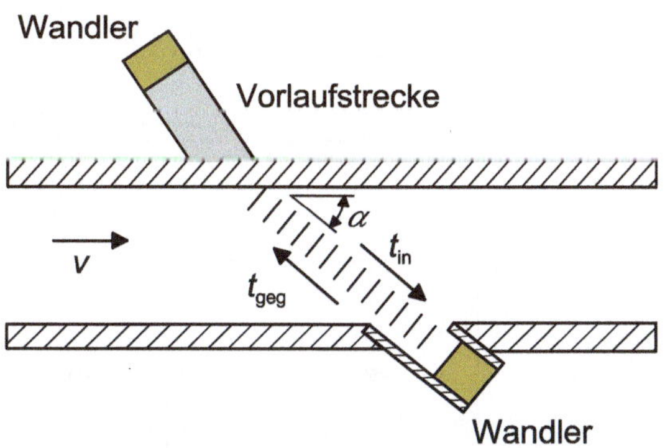

Abb. 13 Prinzip der Ultraschalldurchflussmessung, der obere Wandler ist als Clamp-on-Version gezeichnet

Techniken dargestellt, obwohl sie selten so kombiniert eingesetzt werden. Der Schall bewegt sich unter einem Winkel α in Richtung der Strömung und erfährt durch die Bewegung des Ausbreitungsmediums (Mitführeffekt) eine Änderung der Phasengeschwindigkeit:

$$c_{\text{in}} = c + v\cos\alpha, \quad c_{\text{geg}} = c - v\cos\alpha \tag{25}$$

wobei c_{in} die Phasengeschwindigkeit in Strömungsrichtung, c dagegen die Phasengeschwindigkeit in der ruhenden Flüssigkeit beschreiben. Diese Phasengeschwindigkeitsänderung bewirkt eine Laufzeitverkürzung gegenüber dem Fall der ruhenden Flüssigkeit. Tauscht man nun Sender und Empfänger, erfährt der Ultraschall die Phasengeschwindigkeit c_{geg} und damit eine Verlängerung der Laufzeit. Es lässt sich nun zeigen, dass unter der Bedingung $c >> v$ die Strömungsgeschwindigkeit v direkt mit der Differenz der beiden Laufzeiten $\Delta t = \left(t_{\text{geg}} - t_{\text{in}}\right)$ verknüpft ist:

$$v = \frac{\Delta t c^2}{2s\cos\alpha} \tag{26}$$

wobei s die Länge der Messstrecke ist. Sie ist oft nicht so einfach zu bestimmen und unter Verwendung der, sowieso zu ermittelnden Laufzeiten t_{in} und t_{geg} lässt sich v auch ohne Näherung recht einfach ermitteln:

$$v = \frac{c\Delta t}{\left(t_{in} + t_{geg}\right)\cos\alpha}. \tag{27}$$

Die bisher beschriebene Methode erfordert den direkten Zugang zum strömungsführenden Rohr. Oft, wie z. B. bei allen medizinischen Diagnoseverfahren ist das nicht ohne Weiteres möglich. In solchen Fällen wird nicht mit Durchschallung gearbeitet, sondern die von der Flüssigkeit bzw. in ihr sich bewegenden Teilchen, z. B. Blutkörperchen zurückgestreuten Signale werden vom Sendewandler wieder detektiert. Danach wird die Änderung Δf der Sendefrequenz f infolge des Dopplereffekts bestimmt, aus der man die Flussgeschwindigkeit ableiten kann:

$$v = \Delta f \frac{c}{2f \cos\alpha}. \tag{28}$$

Bisher sind Verfahren vorgestellt worden, die Impulse oder Tonbursts mit einer räumlichen Ausdehnung δ verwenden, die kurz ist gegenüber allen geometrischen Abständen der Anwendung. Betrachtet man nun das Gegenteil, also z. B. einen langen Burst, der noch nicht abgeklungen ist, wenn das reflektierte Signal „zurückkehrt", so entsteht Interferenz, die sehr empfindlich auf Änderungen der vom reflektierten Signal zurückgelegten Strecke reagiert. Dieser Grundsatz wird in Messsystemen ausgenutzt, die Resonatoren verwenden. Wird z. B. ein ebener Ultraschallwandler in die Wand eines rechteckigen Tanks der Länge L eingesetzt, so bildet sich nach Reflexion an der Wand gegenüber eine stehende Welle aus. Bestimmt man frequenzabhängig die eingekoppelte elektrische Leistung oder die Schallamplitude, so ergibt sich stets bei Vielfachen der Umlauffrequenz (in der Optik nennt man das z. B. den freien Spektralbereich – free spectral range) $c/2L$ eine Resonanz bestimmter Güte. Füllt man nun den Tank mit einer Substanz, so können aus der Verschiebung der Resonanz und der Änderung der Güte die Schallgeschwindigkeit und der Absorptionskoeffizient ermittelt werden. Solche Resonanzverfahren werden auch für andere Messgrößen, z. B. in der Füllstandsmessung eingesetzt.

Anwendung von Ultraschall hoher Dauerleistung

Hohe Leistungen für technische Anwendungen werden immer für die Einbringung von Wärme, die mechanische Bearbeitung oder die Anwendung von Kavitation in größeren Volumina benötigt. Entsprechende Anlagen bestehen im Wesentlichen immer aus drei Basiselementen: dem Schallerzeuger (Wandler), einer Vorrichtung zur Weiterleitung des Ultraschalls an die Bearbeitungsstelle und dem Werkzeug, das die Ultraschallenergie wie gewünscht umwandelt. Abb. 14 zeigt das einfache Beispiel einer Stabsonotrode wie sie im Labor für viele Aufgaben, z. B. Emulgieren oder Mischen verwendet wird.

Der Ultraschall wird in einem Verbundschwinger (siehe Abb. 4) erzeugt und dann in ein Horn übertragen. Das Horn ist, wie alle Elemente durch eine Schraubverbindung mit dem Schwinger verbunden. Es dient, durch den in Ausbreitungsrichtung kleiner werdenden Durchmesser, der Erhöhung der Amplitude des Schallfeldes. Nach dem Horn folgt ein sogenannter Booster, der eine Impedanzanpassung zwischen Horn bzw. Wandler (in manchen Konfigurationen fehlt das Horn) und dem Arbeitswerkzeug, der Sonotrode vornimmt. Dabei kann es ebenfalls zur Amplitudenerhöhung aber auch zur ihrer Verminderung kommen. Die Sonotrode führt die Ultraschallenergie dem Arbeitsort zu und wandelt sie in andere Energieformen um oder

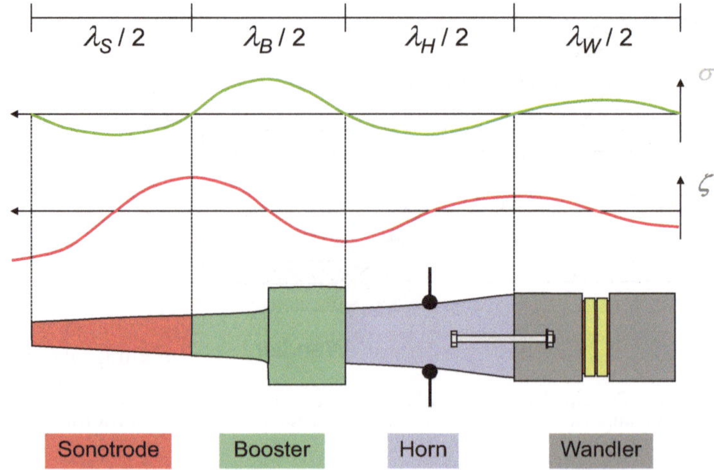

Abb. 14 Aufbau einer technischen Ultraschallquelle, grundsätzliche Darstellung der Amplitude der Verschiebung (ζ) und der mechanischen Spannung (σ) des Schallfeldes in den einzelnen Komponenten, Sprünge wegen Impedanzunterschieden an den Bauteilenden sind nicht berücksichtigt, λ_i: Wellenlänge des Ultraschalls im Bauteil i

führt notwendige Arbeitsschritte aus. Im Beispiel der Stabsonotrode für den Laborbetrieb führt sie Schwingungen mit hohem Hub aus und erzeugt starke Kavitationsfelder.

Im oberen Teil der Abbildung ist der Verlauf der Auslenkung ζ und der mechanischen Spannung σ im Schallfeld dargestellt. Es zeigt sich zunächst, dass alle vier Elemente im Aufbau die Länge $\lambda/2$ haben, wobei λ die Wellenlänge des Ultraschalls im jeweiligen Bauteil ist. Die Bauelemente werden an Nullstellen der mechanischen Spannung zusammengefügt, damit die Kräfte an den Übergangsstellen, die z. B. mit Schraubverbindungen oder Klebungen aufgebracht werden müssen, nicht zu groß werden. Die Aufhängung, also die Verbindung zum Gehäuse wird dagegen in einer Nullstelle der Auslenkung angebracht. Dieses Konstruktionsprinzip der Nutzung von Bauelementen ermöglicht eine hohe Flexibilität der Aufbauten und sichert eine möglichst verlustlose Übertragung der Ultraschallenergie. Schematisch zeigt Abb. 14 auch die Veränderung der Amplitude der Ultraschallwelle in den Bauteilen. Der gezeigte Aufbau ist typisch für sehr viele technische Ultraschallgeräte. Hauptsächlich das Werkzeug (Sonotrode) und die Ultraschallparameter, die eingestellt werden bestimmen die Anwendung des Systems.

Als Beispiel seinen zwei sehr bekannte Anwendungen erläutert, die Ultraschallreinigung und das Ultraschallschweißen. Für die Ultraschallreinigung werden auch Stabsonotroden wie in Abb. 14 verwendet. Weit häufiger werden die Wandler mit einer sehr kurzen Vorlaufstrecke bzw. einem Booster direkt auf die Wand einer Edelstahlwanne geklebt, worin sie dann ein intensives Kavitationsfeld erzeugen. Die Blasen haben nun aus drei grundsätzlichen Vorgängen heraus Wirkung auf die Verschmutzung (siehe Abb. 15 und Abschn. 4.3). Bei einem starken Blasenkollaps bewegt sich die Flüssigkeit mit hoher Geschwindigkeit auf das Zentrum der Blase zu, verdichtet sich stark und stoppt dann ganz plötzlich. Dabei entstehen extrem hohe Drücke und es wird ein Ultraschallwelle abgegeben, die sich als Stoßwelle ausbreitet. Trifft sie auf die Verschmutzung wirkt sie wie ein Mikrohammer und schlägt kleine Schmutzpartikel heraus.

Durch die schnelle Bewegung der Blasenwand muss die Flüssigkeit um die Blase herum stark strömen, um den frei werdenden Raum zu füllen oder der Blase Platz zu machen. Dadurch entstehen Scherströmungen, die unter die Verschmutzung greifen können und sie ablösen bzw. auf Grund des Bernoulli-Gesetzes eine ablösende Kraft ausüben. Weiterhin greifen die Scherströme von der Seite an und können so die Haftreibung zwischen Verschmutzung und Oberfläche überwinden und das Teilchen wegschieben oder wegrollen.

Wenn sich die Blase näher als etwa zwei (maximale) Blasenradien an der verschmutzten Oberfläche befindet, so oszilliert sie nicht mehr radialsymmetrisch, wie in Abschn. 4.3 erläutert. Die sich bildenden Jets können sehr hohe Flussgeschwindigkeiten erreichen und es erfolgt eine starke erodierende Wirkung an der Oberfläche. Jets sind für die meisten Kavitationsschäden an Oberflächen von Teilen verantwortlich, sie tragen aber natürlich auch die Verschmutzung mit ab, was erwünscht ist.

Die Frequenz des Ultraschalls bestimmt die Stärke der Reinigung. Je geringer die Frequenz

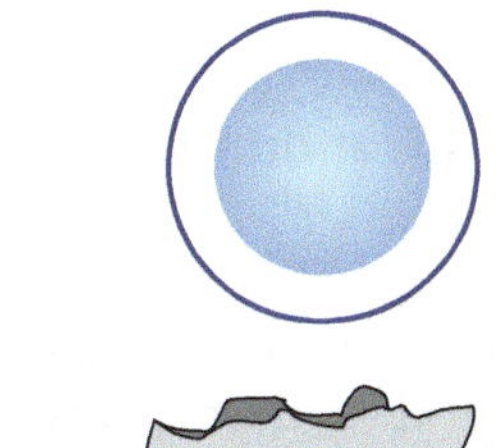
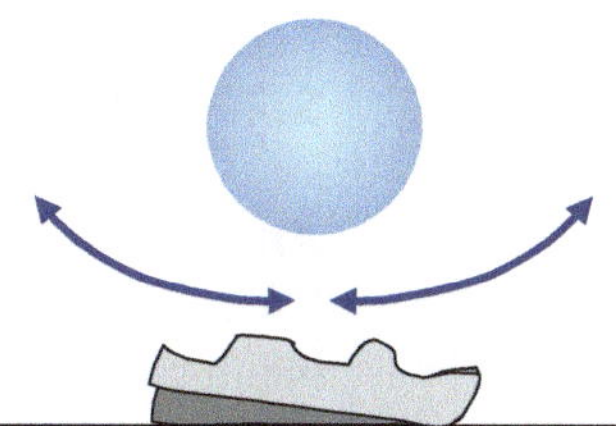
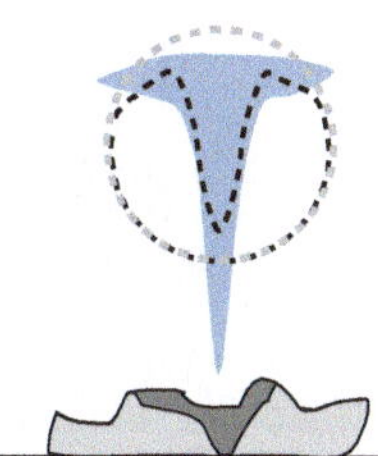

Abb. 15 Drei Basismechanismen bei der Ultraschallreinigung; Links: Erzeugung von Stoßwellen, Mitte: Auftreten von Scherströmungen, Rechts: Erzeugung von Jets

ist, umso größer sind die beteiligten, stark schwingenden Blasen ([2]) und umso gröber ist die Reinigungswirkung. Bei 20 kHz wird also mit der Bürste gereinigt, bei 130 kHz mit dem feinen Pinsel. Da die Blasen sehr klein sind, ist Ultraschallreinigung vor allem für komplizierte Bauteile mit Kanten und Hohlräumen geeignet. Auch hartnäckige Verschmutzungen lassen sich ablösen. Eine neue Entwicklung betrifft die Nutzung der Ultraschallreinigung in der Mikroelektronik mit Frequenzen bis gegenwärtig zu 4 MHz. Hintergrund ist der notwendige Wechsel zu XUV-Lichtquellen mit einer optischen Wellenlänge von 13 nm, um in Zukunft die erforderlichen feinen Strukturbreiten herstellen zu können. Kritische Größe für Restteilchen, die es immer auf Wafern gibt, ist unter 5 nm und damit sind viele chemische Reinigungsmittel und -prozesse nicht mehr einsetzbar. Deshalb sucht man nach alternativen, mechanischen Verfahren, wie die Ultraschallreinigung. Hauptschwierigkeit ist, dass bei der Anwendung von Ultraschall eine zwar geringe, aber merkliche mechanische Zerstörung der Oberfläche nicht ausgeschlossen werden kann, was die mikroelektronischen Strukturen zerstört. Hier sind neue Ideen in der Entwicklung.

Eine weitere Anwendung der Technik in Abb. 14 ist das Ultraschallschweißen. Die Sonotrode dient hier zur Einleitung der Ultraschallenergie in die Teile, die miteinander verbunden werden sollen. Die Absorption und damit die Deponierung der Energie (siehe Abschn. 2.3) finden lokal in den Werkstücken statt. Abb. 16 zeigt ein einfaches Beispiel für das Zusammenfügen von zwei Teilen, die zwischen der Sonotrode und dem Amboss durch eine Andruckkraft F zusammengepresst werden. Der Ultraschall tritt nun in die Werkstücke ein und an den Grenzflächen zwischen den Werkstücken entsteht starke Reibung bzw. die höchste Absorption des Ultraschalls weshalb (nur) diese Stellen sich zunächst erwärmen, bis das Material schmilzt. Der Schmelzprozess setzt sich dann in die Werkstücke fort, weil die Absorption des Ultraschalls mit der Temperatur zunimmt und damit die Wärmeproduktion wiederum immer schneller steigt. Wenn die Teile verbunden sind, wird der Ultraschall abgeschaltet und das Werkstück kühlt sich ab. Der Prozess dauert oft nur Bruchteile einer Sekunde, weshalb Ultraschallschweißen ein sehr effektiver Prozess ist und auch in Fließbandproduktion gut eingesetzt werden kann. Da die Wärme lokal nur genau dort entsteht, wo sie benötigt wird, können auch an anderer Stelle wärmeempfindliche Teile geschweißt werden und insgesamt ist der Vorgang sehr energieeffizient.

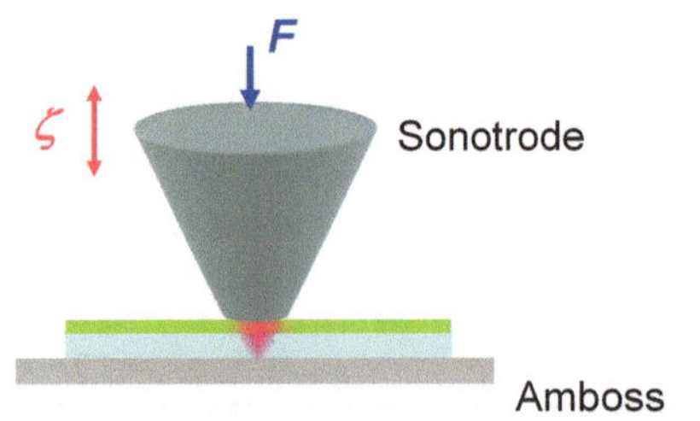

Abb. 16 Prinzip des Ultraschallschweißens, F ist die Andruckkraft und ζ die Auslenkung

Ultraschallschweißen wird vor allem für Kunststoffe eingesetzt und natürlich können nur Thermoplastiken aber keine Duroplastiken verwendet werden, da der Effekt auf der thermischen Erweichung des Materials beruht. Es gibt eine Vielzahl an Formen der Kunststoffverbindungen, die insbesondere auch sehr unterschiedliche Formen der Sonotroden erfordern. Oft werden die zu verbindenden Teile auch mit keilförmigen Schweißrippen hergestellt, damit die beschriebene oberflächennahe Erwärmung noch zielgenauer eingesetzt werden kann. Ultraschallschweißen wird heute nahezu in der gesamten kunststoffverarbeitenden Industrie eingesetzt, als Beispiel seien die Produktion von elektronischen Bauteilen wie Schalter oder Stecker, Kraftfahrzeugteile z. B. für den Fahrgastinnenraum oder auch die Herstellung von Schuhen genannt. Auch in der Verpackungsindustrie gibt es Anwendungsbeispiele.

5.2 Medizinische Anwendungen

Anwendung zur Diagnose

Die medizinische Diagnose ist wahrscheinlich die häufigste und auch bis in weite Bevölkerungsschichten bekannteste Anwendung von Ultraschall. Nach Zahlen des Bundesumweltamtes erhält jeder Deutsche pro Jahr im Schnitt 1,2 diagnostische Ultraschalluntersuchungen [41]. Damit hat die Ultraschalldiagnose die Anwendung von Röntgenstrahlen überholt. Ursache dafür ist neben der geringeren Gesundheitsbelastung auch die hohe Flexibilität und Vielseitigkeit der Ultraschallverfahren, die es ermöglichen, eine große Palette von Eigenschaften im Körper zu untersuchen und damit die Voraussetzung für eine differenzierte Diagnose zu bilden. Insbesondere hier kann dieser Artikel nur eine Erwähnung der Verfahren vornehmen. Es gibt aber eine Vielzahl von Beschreibungen und Monographien, von denen hier einige genannt werden sollen [9, 42–44].

Die Ultraschalldiagnose beruht, wie viele der technischen Anwendungen bei geringen Leistungen, auf der Nutzung von kurzen Impulsen bzw. Tonbursts und der Möglichkeit der Bündelung von Ultraschall (siehe Abschn. 2.1). Viele der in Abschn. Anwendung von Signalen mit kleiner Leistung erläuterten Grundprinzipien werden auch hier verwendet. Die grundsätzliche Basis aller Methoden ist die Erstellung eines B-Bildes (siehe Abschn. Anwendung von Signalen mit kleiner Leistung), das durch die Verwendung von Arrays (früher auch durch rotierende Wandler) als Schnittbild entsteht. Es dient der Erkennung und Darstellung von Organen, gefüllten Hohlräumen, Gefäßen, Knochen, Sehnen und anderen Objekten im menschlichen Körper. Da alle Positionen genau bestimmbar sind, können auch Abstände, Flächen und Volumina bestimmt werden. Die räumliche Auflösung, die dabei erreicht wird, hängt von der verwendeten Frequenz, den Eigenschaften des Wandlers und dem Abstand zum Wandler ab. Es ist mit modernen Geräten jedoch kein Problem mehr, Strukturen deutlich unter einem Millimeter darzustellen und zu beurteilen.

Die ebenfalls in Abschn. Anwendung von Signalen mit kleiner Leistung erläuterte Dopplertechnik ermöglicht die Bestimmung von Flussgeschwindigkeiten im menschlichen Körper. Häufig als Puls-Doppler-Technik bezeichnet ermöglicht sie die Messung z. B. des Blutflusses auf einer Linie, die innerhalb des daruntergelegten B-Bildes positioniert werden kann. Dazu werden absolute Werte an einem Messort in Abhängigkeit von der Zeit angegeben. Beim sogenannten Farb-Doppler-Verfahren werden die Flussrichtung und die mittlere Geschwindigkeitsamplitude farblich codiert und dem B-Bild überlagert, so dass eine zweidimensionale Darstellung möglich wird. Das Power-Doppler-Verfahren ermittelt nicht die Frequenzänderung des rückgestreuten Dopplersignals, also die Geschwindigkeitsverteilung, sondern seine Leistung. Damit können die Menge des Blutflusses dargestellt, die Durchlässigkeit von Gefäßen und Zellen analysiert und Blutungen festgestellt werden.

Die Verwendung von Arrays ermöglicht durch die Verwendung von mehreren Wandlern die Durchschallung unter verschiedenen Winkeln. Damit ergibt sich die Möglichkeit der Anwendung von tomographischen Methoden, die eine verbesserte räumliche Darstellung der Strukturen erlauben. Hierfür haben die Gerätehersteller besondere Verfahren entwickelt und ganz eigene Namen und Bezeichnungen dafür gefunden und schützen lassen.

Die Verwendung mehrerer verschiedener Impulse in Serie und eine ausgeklügelte Auswertung ermöglichen auch die Anwendung nichtlinearer Verfahren bzw. die Nutzung nichtlinearer Eigenschaften des Gewebes. Dadurch können die Auflösung gesteigert und bisher nicht darstellbare Strukturen sichtbar gemacht werden, da es Gewebearten (z. B. spezielle Tumoren) gibt, deren mechanische Eigenschaften wie Kompressibilität oder Dichte sich kaum vom umgebendem Gewebe unterscheiden und die deshalb z. B. im B-Bild nicht erkennbar sind. Da sie aber deutlich andere nichtlineare Eigenschaften besitzen, erscheinen sie als Kontrast in einem sogenannten Harmonic Imaging Bild. Auch Untersuchungen mit Ultraschallkontrastmitteln werden mit nichtlinearen Analysemethoden ausgewertet. Ultraschallkontrastmittel sind kleine umhüllte Blasen, die die Rückstreuung aus dem Gewebe drastisch erhöhen und damit den Kontrast einer Ultraschalluntersuchung deutlich verbessern. Dabei werden sie aber auch zum Schwingen angeregt (siehe Abschn. 4.3) und senden nichtlineare Signale aus, die man analysieren kann.

Trotz aller ausgefeilter Technik bleibt aber die entscheidende Schnittstelle bei der Ultraschalldiagnose der Arzt. Er erkennt nur, was er kennt und von seiner Erfahrung ist die Qualität der

Diagnose uneingeschränkt abhängig. Hier sind aber auch neue Entwicklungen im Gang, dabei mit Bild- und Strukturerkennungsmethoden zu helfen und die Diagnose zu objektivieren.

Therapeutische Anwendungen

Ultraschall wird schon seit vielen Jahrzehnten für therapeutische Zwecke verwendet. Die Eigenschaft des Ultraschalls, die dabei hauptsächlich zum Tragen kommt, ist die Möglichkeit, Energie in den Körper zu transportieren und dort zu deponieren (siehe Abschn. 2.2 und 2.3). So kann in der Tiefe des Körpers z. B. lokal Wärme erzeugt werden, die therapeutischen Wert besitzt. Aber auch mechanische Wirkungen wie bei der Lithotripsie oder der beschleunigten Knochenheilung werden lokal genutzt. Nicht immer sind alle Wirkmechanismen verstanden, so dass Ultraschall nicht immer zielbringend oder mit falschen Versprechungen eingesetzt wird. Die sich zunehmend verbreitenden kosmetischen Anwendungen, z. B. zur Zerstörung von Fettgewebe, sollen hier nicht behandelt werden, da ihre Anwendung ein nicht vertretbares Sicherheitsrisiko darstellt [45].

Die seit längstem bekannte Verwendung von Ultraschall zu therapeutischen Zwecken ist die Physiotherapie, die auf der Entwicklung von Wärme im Körper beruht [46]. Sie wird schon seit vielen Jahrzehnten insbesondere bei Beschwerden des Bewegungsapparates eingesetzt. Ultraschall mit Frequenzen zwischen 1 und 3 MHz wird dabei mit großflächigen Wandlern (Durchmesser etwa 10 bis 40 mm), die auf die Haut aufgesetzt werden, appliziert. Die verwendeten Intensitäten liegen zwischen 0,5 und ca. 3 W/cm^2 und erwärmen in der Tiefe den Körper innerhalb von Minuten. Die Technik dafür ist etabliert und preiswert und wird als Standardverfahren der Physiotherapie eingesetzt.

Eine neue Entwicklung, die insbesondere in den letzten 10 Jahren ein international intensiv bearbeitetes Fachgebiet [47] geworden ist, stellt die Anwendung von fokussiertem intensivem Ultraschall dar (high-intensity focussed ultrasound – HIFU oder high-intensity therapeutic ultrasound – HITU). Dazu wird mithilfe eines Ultraschallwandlers ein leistungsstarkes Ultraschallfeld erzeugt, das in den Körper fokus-

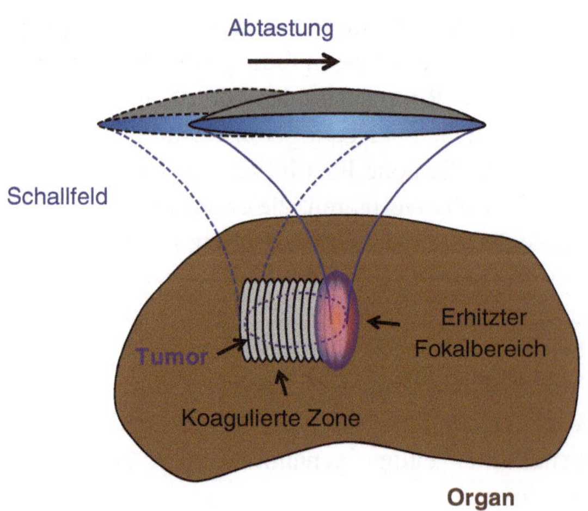

Abb. 17 Prinzip der Tumortherapie mit intensivem fokussiertem Ultraschall

siert wird. Wie bei der Physiotherapie wird ein großer Teil des Ultraschalls absorbiert und es erfolgt eine Erwärmung des Gewebes. Auf Grund der starken Fokussierung werden die höchsten Feldwerte (nur) im Fokus erzeugt, dort können aber Temperaturen bis 100 °C und mehr erreicht werden. In der Folge werden die Zellen im Fokus nekrotisiert und sterben ab, und die Methode wird deshalb erfolgreich zur Tumortherapie eingesetzt (siehe Abb. 17). Der Vorteil ist, dass die Wärme lokal begrenzt und genau steuerbar erzeugt werden kann. Um einen größeren räumlichen Bereich abdecken zu können, wird dieser mit mehreren Einzelexpositionen abgetastet, weshalb das Ultraschallgerät mit einer Abtastvorrichtung ausgerüstet werden muss. Für die beschriebene Methode gibt es die ersten kommerziellen Geräte auf dem Markt. Behandelt werden vor allem Prostatatumore, Lebertumore und (gutartige) Myome. Besonders nützlich ist die Methode jedoch für Hirntumore, da sie oft nicht operabel sind und die Kollateralschäden während einer Strahlentherapie erheblich sind. Hier ergibt sich aber die Problematik, dass der (sehr irreguläre) Schädelknochen die Qualität des Schallfeldfokusses stark vermindert und eine präzise lokale Positionierung und Bündelung des Feldes sehr erschwert.

Hauptproblem der beschriebenen Methode ist die genaue Steuerung der lokalen Erwärmung.

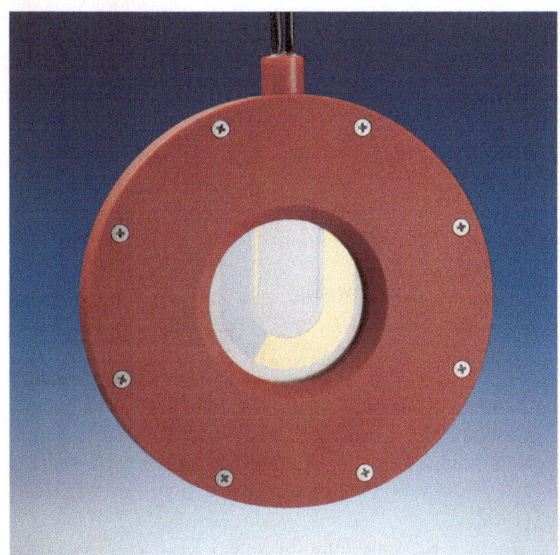

Abb. 18 Auf der Rückseite mit einer Metallfolie geschütztes, an der Physikalisch-Technischen Bundesanstalt entwickeltes Hydrophon für die Bestimmung von Schalldrücken in hochintensiven Ultraschallfeldern, dünne rechteckige Linien: Elektroden, halbrunder Bogen: Abschirmung gegen elektromagnetische Strahlung, roter Ring: Gehäuse

Zum einen muss sichergestellt sein, dass die Temperatur hinreichend lange hoch genug ist, damit der Tumor auch sicher nekrotisert wird. Andererseits darf die Temperatur nicht zu hoch werden, weil dann die Formen der Läsionen nur noch schwer vorhersagbar sind und leicht auch unbeteiligtes Gewebe in Mitleidenschaft gezogen wird. Voraussetzung für eine Vorhersage der potentiellen Temperaturerhöhung ist die genaue Kenntnis über das vor Ort vorhandene Schallfeld, die meist durch numerische Simulationen erfolgen muss. Als wichtigste Eingangsgrößen werden Messwerte des vom Wandler in einem Wassertank erzeugten Schallfeldes genutzt. Wegen des hohen Zerstörungspotenzials wurden hierfür spezielle Messverfahren und Geräte entwickelt wie eine angepasste Messmethode für die Schallleistung auf Basis der Schallstahlungskraft [48] und spezielle Hydrophone und faseroptische Sensoren [49]. Als Beispiel zeigt Abb. 18 ein Membranhydrophon, das mit Hilfe einer speziell aufgetragenen Metallfolie besonders widerstandsfähig gemacht wurde [50].

Auch die Positionierung des Fokus im Körper ist kritisch bei der Anwendung, da die Ausbreitung der Ultraschallwellen von den Eigenschaften des – ebenfalls unbeteiligten – Gewebes zwischen Eintrittsstelle und Tumor abhängt und durch Schallgeschwindigkeitsinhomogenitäten Brechung auftreten kann, wodurch der Fokus verschoben wird. Deshalb werden viele Untersuchungen unter Beobachtung mit bildgebenden Verfahren wie Magnetresonanztomografie (MRT) oder Ultraschall durchgeführt. Die Verwendung der MRT hat den Vorteil, dass dabei auch die Möglichkeit besteht, die Temperatur im Gewebe explizit zu bestimmen. Die Planung einer Therapie und damit auch die Verlässlichkeit der Behandlung ist in vielen Einzelheiten noch eine große Herausforderung.

In medizinischen Anwendungen werden auch Kavitationsblasen genutzt. Bei dem beschriebenen Verfahren zur Tumortherapie kann man gezielt Blasen an der Applikationsstelle erzeugen, wo sie die Absorption des Ultraschalls und damit die Wärmedeponierung und somit die Effizienz der Methode erhöhen können [51]. Eine weitere Anwendung beruht auf der Fähigkeit, dass bei Oszillation oder Kollaps der Blase in der Nähe einer Zellwand die erzeugten Strömungen oder Jets zu einer temporären Öffnung der Zellwand führen können, die, je nach Anwendungsparameter, für Minuten oder Stunden anhält [52]. Damit ergibt sich die Möglichkeit, in die Zellen Stoffe zu bringen, die sonst wegen ihrer Größe oder Beschaffenheit nicht durch die Zellwand hindurch gelangen würden. So könnten z. B. spezielle Medikamente wie Chemotherapeutika ganz lokal appliziert werden und würden nicht unspezifisch den gesamten Körper treffen. Insbesondere bei einer Chemotherapie für die Krebsbekämpfung wäre dies ein sehr wünschenswerter und vor allem den Patienten entlastender Vorteil. Hier sind jedoch noch viele Fragen offen und interessante neue Forschungsergebnisse zu erwarten.

Literatur

1. VDI 3766:2012–09 Ultraschall – Arbeitsplatz – Messung, Bewertung, Beurteilung und Minderung. VDI (2012)
2. Leighton, T.G.: The Acoustic Bubble. Academic, San Diego (1994)

3. Shutilov, V.A.: Physik des Ultraschalls. Springer, Berlin (1984)
4. Millner, R. (Hrsg.): Ultraschalltechnik Grundlagen und Anwendungen. Physikverlag, Weinheim (1987)
5. Hellwege, K.-H. (Hrsg.): Landoldt-Börnstein. Neue Serie, Bd. I. Springer, Berlin (1966)
6. Nakamura, K.: Ultrasonic Transducers. Woodhead Publishing, Philadelphia (2012)
7. Lerch, R., Sessler, G., Wolf, D.: Technische Akustik. Springer, Berlin (2009)
8. Kuttruff, H.: Physik und Technik des Ultraschalls. Hirzel Verlag, Stuttgart (1988)
9. Szabo, T.L.: Diagnostic ultrasound imaging: Inside Out. Elsevier, Amsterdam (2004)
10. Abramov, O.V.: High-intensity ultrasonics. Gordon and Breach Science Publishers, Amsterdam (1998)
11. Beissner, K.: Ultraschallleistungsmessung mit Hilfe der Schallstrahlungskraft. Acustica **58**, 17–26 (1985)
12. IEC 61161-2013: Ultrasonics – Power mesurement – Radiation force balances and performance requirements. IEC (2013)
13. Koch, C., Molkenstruck, W.: Primary calibration of hydrophones with extended frequency range 1 to 70 MHz using optical interferometry. IEEE Trans. UFFC **46**, 1303–1314 (1999)
14. Wilkens, V., Molkenstruck, W.: Broadband PVDF membrane hydrophone for comparisons of hydrophone calibration methods up to 140 MHz. IEEE Trans. UFFC **54**, 1784–1791 (2007)
15. Wilkens, V., Koch, C.: Amplitude and phase calibration of hydrophones up to 70 MHz using broadband pulse excitation and an optical reference hydrophone. J. Acoust. Soc. Am. **115**, 2892 (2004)
16. DIN IEC 62127-1: Ultrasonics – Hydrophones – Part 1: Measurement and characterization of medical ultrasonic fields up to 40 MHz. DIN (2007)
17. Klein, M.V.: Optics. Wiley, New York (1970)
18. Scruby, C.B., Drain, L.E.: Laser ultrasonics. Adam Hilger, Bristol (1990)
19. Born, M., Wolf, E.: Principles of optics. Pergamon Press, London (1959)
20. Wild, G., Hinckley, S.: Acousto-ultrasonic optical fiber sensors: overview and state-of-the-art. IEEE Sens. J. **8**, 1184–1193 (2008)
21. Reibold, R., Molkenstruck, W.: Light diffraction tomography applied to the investigation of ultrasonic fields. Part I: Continuous waves. Acustica **56**, 180–192 (1984)
22. Skudrzyk, E.: The Foundations of Acoustics. Spinger, Wien (1971)
23. Schoch, A.: Betrachtungen über das Schallfeld einer Kolbenmembran. Akust. Z **6**, 318–326 (1941)
24. O'Neil, H.T.: Theory of focusing radiators. J. Acoust. Soc. Am. **21**, 516–526 (1949)
25. Hamilton, M., Blackstock, D. (Hrsg.): Nonlinear acoustics. Academic, London (1998)
26. Hill, C.R., Bamber, J.C., ter Haar, G.: Physical Principles of Medical Ultrasonics, 2. Aufl. Wiley, London (2004)
27. Schoch, A.: Schallreflexion, Schallbrechung und Schallbeugung. Ergebnisse der exakten Naturwissenschaften, **23**, S. 127–234. (1950)
28. Gerthsen, C.: Physik: Lehrbuch zum Gebrauch neben Vorlesungen. In: Gerthsen, C., Kneser, H.-O., Vogel, H (Hrsg.), 15. Aufl. Springer, Berlin (1986)
29. Achenbach, J.D.: Wave Propagation in Elastic Solids. Elsevier, Amsterdam (1999)
30. Young, F.R.: Cavitation. Mc-Graw-Hill, London (1989)
31. Doinikov, A.A.: Bubble and Particle Dynamics in Acoustic Fields: Modern Trends and Applications. Research Signpost, Kerala (2005)
32. Apfel, R.E.: Sonic effervescence: a tutorial on acoustic cavitation. J. Acoust. Soc. Am. **101**, 1227 (1997)
33. Gaitan, D.F., Crum, L.A., Church, C.C., Roy, R.A.: Sonoluminescence and bubble dynamics for a single, stable, cavitation bubble. J. Acoust. Soc. Am. **91**, 3166 (1992)
34. Young, F.R.: Sonoluminescence. CRC Press, Boca Raton (2005)
35. Thompson, L., Doraiswamy, L.: Sonochemistry: science and engineering. Ind. Eng. Chem. Res. **38**, 1215–1249 (1999)
36. Jenderka, K.-V., Koch, C.: Investigation of spatial distribution of sound field parameters in ultrasound cleaning baths under the influence of cavitation. Ultrasonics **44**, e401–e406 (2006)
37. Vogel, A., Lauterborn, W., Timm, R.: Optical an acoustic investigations of the dynamics of laser-produced cavitation bubbles near a solid boundary. J. Fluid Mech. **206**, 299–338 (1989)
38. Lauterborn, W., Cramer, E.: Subharmonic route to chaos observed in acoustics. Phys. Rev. Lett. **47**, 1445–1448 (1981)
39. Langenberg, K.-J., Marklein, R., Mayer, K.: Theoretische Grundlagen der zerstörungsfreien Materialprüfung mit Ultraschall. Oldenboug, München (2009)
40. Krautkrämer, J., Krautkrämer, H.: Werkstoffprüfung mit Ultraschall. Springer, Berlin (1986)
41. Umweltbundesamt: Umweltradioaktivität und Strahlenbelastung, Jahresbericht 2011. Dessau (2012)
42. Delorme, S. Debus, J., Jenderka, K.V.: Duale Reihe – Sonographie. 3. vollst. überarb. Aufl. Thieme, Stuttgart (2012)
43. Postema, M., Kotopoulis, S., Jenderka, K.V.: Basic physical principles of medical ultrasound. In: Dietrich, C.F. (Hrsg.) EFSUMB course book on ultrasound, S. 9–26. EFSUMB (2012)
44. Jenderka, K.V.: Ausbreitung von Ultraschall im Gewebe und Verfahren der Ultraschallbildgebung. Radiologe **53**, 1137–1150 (2013)
45. Strahlenschutzkomission: Ultraschallanwendung am Menschen – Empfehlungen der Strahlenschutzkomission. Strahlenschutzkomission (2012)
46. Watson, T.: Ultrasound in contemporary physiotherapy practice. Ultrasonics **48**, 321–329 (2008)

47. Ebbini, E.S.: Guest editorial to the special letters issue on therapeutic ultrasound: Trends at the leading-edge. IEEE Trans. Biomed. Eng. **57**, 5–6 (2010), und das gesamte Heft
48. Jenderka, K.-V., Beissner, K.: Measurement of the total acoustic output power of HITU transducers. AIP Conf. Proc. **1215**, 207–211 (2010)
49. Haller, J., Wilkens, V., Jenderka, K.-V., Koch, C.: Characterization of a fiber-optic displacement sensor for measurements in high-intensity focused ultrasound fields. J. Acoust. Soc. Am. **129**, 3676–3681 (2011)
50. Bessonova, O., Wilkens, V.: Membrane hydrophone measurement and numerical simulation of HIFU fields up to developed shock regimes. IEEE Trans. Ultrason. Ferroelectr. Freq. Control **60**, 290–300 (2013)
51. Hall, T., Fowlkes, B., Cain, C.: A real-time measure of cavitation induced tissue disruption by ultrasound imaging backscatter reduction. IEEE Trans. Ultrason. Ferroelectr. Freq. Control **54**, 569–575 (2007)
52. Deshpande, N., Needles, A., Willmann, J.K.: Molecular ultrasound imaging: current status and future directions. Clin. Radiol. **65**, 567–581 (2010)